智慧城市3.0

城市大脑建设方法与实践

唐怀坤　朱晨鸣　黄明科　王江涛◎编著

人民邮电出版社
北京

图书在版编目（CIP）数据

智慧城市3.0 : 城市大脑建设方法与实践 / 唐怀坤等编著. -- 北京 : 人民邮电出版社, 2023.10
ISBN 978-7-115-62352-2

Ⅰ. ①智… Ⅱ. ①唐… Ⅲ. ①智慧城市－城市规划－研究 Ⅳ. ①TU984

中国国家版本馆CIP数据核字(2023)第136918号

内 容 提 要

本书介绍了智慧城市发展的现状与政策趋势，分析了智慧城市建设的国内外案例的成效和经验。一方面，本书介绍了传统智慧城市发展的理论困境和现实困境，从本体论、认识论、方法论的角度讨论了智慧城市的本质；另一方面，本书将城市管理的内容划分为社会空间、城市空间、数字空间，引入开放的复杂巨系统理论解决智慧城市三大空间整合的问题，介绍了系统动力学建模方法，将城市各类云脑通过城市大脑工程集成在一起，形成城市的数据中枢、知识中枢、智能中枢，从组织、投资、治理、安全等维度阐述了相关保障措施。

本书适合智慧城市领域工程技术人员、城市大数据管理人员，以及高等院校信息管理与系统、信息工程专业师生阅读。

◆ 编　　著　唐怀坤　朱晨鸣　黄明科　王江涛
　责任编辑　张　迪
　责任印制　马振武
◆ 人民邮电出版社出版发行　　北京市丰台区成寿寺路 11 号
　邮编 100164　　电子邮件 315@ptpress.com.cn
　网址 https://www.ptpress.com.cn
　固安县铭成印刷有限公司印刷
◆ 开本：800×1000　1/16
　印张：9.25　　　　　2023 年 10 月第 1 版
　字数：118 千字　　　2023 年 10 月河北第 1 次印刷

定价：89.90 元

读者服务热线：(010)81055493　印装质量热线：(010)81055316
反盗版热线：(010)81055315
广告经营许可证：京东市监广登字 20170147 号

策划委员会

编审委员会

序言

城市化是全球发展的一大趋势，城市管理水平在一定程度上决定了全球经济与社会发展的进程。根据联合国的估测，预计到2050年，全世界城镇人口比例将从2021年的55%上升到68%，城镇居民人口新增约25亿人。其中，西方发达国家的城镇化率在2050年将达到86%。2022年年底，中国常住人口城镇化率为65.22%，预计2050年达到80%。

智慧城市的雏形源于20世纪90年代的“精明增长”（Smart Growth）理论，即在有限的城市资源中做集约式开发，不通过粗放式扩张来促进城市发展，实现人与环境的和谐共生。智慧城市的概念诞生于2008年年底，2009年开始，我国智慧城市建设和发展正式拉开帷幕。智慧城市是一个开放的复杂巨系统，其服务对象、服务内容非常广泛。但是，回头看过去十几年智慧城市的发展，国内外对智慧城市的探索仍然停留在试验阶段。很多人站在不同的视角看智慧城市，就像“盲人摸象”一样，有人看到的是数字政府，有人看到的是城市治理，有人看到的是新基建，有人看到的是惠民服务，有人看到的是产业经济，有人看到的是5G、区块链，或者以上的组合。其实智慧城市整体建设还处在探索期。

第1章分析了智慧城市发展现状与政策趋势，将过去智慧城市的发展划分为“1.0：物联感知”和“2.0：数据治理新型智慧城市”两个阶段，并分析了“十四五”时期智慧城市的发展趋势与特点，可以看出智慧城市的内涵和外延在不断扩展，复杂程度在不断提升。

第2章到第4章按照思维方法从本体论、认识论、方法论的角度分析智慧城市的本质，介绍了传统智慧城市发展的理论困境和现实困境。在理论困境方面，智慧城市发展的复杂性、随机性、结构性和自组织性让智慧城市理论研究的难度加大，“智慧城市”中的“智慧”是一个形容词，这导致人们对智慧城市的概念内涵认知不一，即使一些国家标准和行业标准已经发布，实际上也都是逻辑推演的成果。在现实困境方面，智慧城市建设顶层设计依然亟待加强，“信息孤岛”问题依然严重，如何通过数据实现智能化依然存在很大的挑战，这些决定了我们必须重新分析研究智慧城市建设的本体论、认识论和方法论，即通过大量的实践总结智慧城市究竟是什么？智慧城市有哪些发展规律？怎么逐步建设智慧城市？我们可以将城市划分为社会空间、城市空间、数字空间，三分法基本穷尽了城市的所有内容，因此具有一定的共识基础，在此基础上研究智慧城市的本质、规律、方法。

第 5 章引入开放的复杂巨系统，解决智慧城市方法论环节提出的三大空间整合的问题，阐述了系统论的内涵、系统科学与复杂性科学的关系，此后回顾了我国钱学森院士早年提出的开放的复杂巨系统理论，以及其在各行业的应用情况。

第 6 章提出将城市的三大空间看作三大系统，可以按照系统论的思想和方法解决智慧城市系统化实施的问题。智慧城市的建设本质上是城市文明的传承与发展，而三大空间在过去的智慧城市建设过程中是割裂的，智慧城市 1.0 和智慧城市 2.0 都过多地强调信息技术系统或者数据治理，而忽略了城市的空间本体和社会系统本体。根据开放的复杂巨系统观点，智慧城市也是一个典型的"开放的复杂巨系统"，通过专家知识、数据应用、信息技术三者的融合打造一套综合集成的实施方法，其方法在能源安全管理、智能物流管理等方面已经有所应用，虽然应用还不够成熟，但是思路与我们提出的社会空间、城市空间、数字空间是契合的。社会空间对应经过专家知识分析的社会需求，并且也包含了大量的智慧城市建设智库、专家提出的满足社会空间需求、优化城市空间的解决方案。数字空间对应数据和信息技术的应用，而综合研讨厅类似城市云脑，所谓的"城市云脑"包含行业云脑、企业云脑、园区云脑、社区云脑等。系统动力学建模方法可将城市各类云脑通过城市大脑工程集成在一起，云脑之间可以进行数据互联互通，形成城市的数据中枢、知识中枢、智能中枢。

第 7 章分析了城市大脑的工程实践中顶层设计的通用模型。

第 8 章从组织、投资、治理、安全等维度阐述了城市大脑建设相关保障措施。智慧城市的实现需要整个城市各条线共建共享。城市的全景由人、企、政、地、物组成，通过数字空间汇聚社会空间（人、企、政）和城市空间（地、物）的所有数据。本章通过分析城市云脑，如果最终要实现城市大脑，需要接入无数个城市云脑，不同城市的城市云脑进行数据互联互通，汇聚成省级城市大脑、国家级行业大脑等，从而推动全国数据在横向和纵向上实现互联互通，最终实现国家大数据中心的构想。

作为咨询设计企业，中通服咨询设计研究院（以下简称中通服设计院）通过定义城市大脑的智能化水平形成咨询认证体系，以咨询认证带动城市大脑工程建设总包业务，形成

行业级解决方案，使城市云脑业务体系与面向城市级的城市大脑业务有机融合，形成数字中国“咨询＋EPC”的落地技术路线，推动中通服设计院“建造智慧社会、助推数字经济、服务美好生活”主航道行稳致远。

本书在撰写过程中得到了顾颖、吴福明、徐怀祥、娄欢、刘李、张骏、宋城旭、陈慧、李笑、李昀、周旭等同事的帮助，在此表示感谢！

由于智慧城市在理论层面依然是一个持续开放式发展体系，作者的知识结构、参与实践案例的情况也决定了研究成果不一定能够全面覆盖，本书难免存在遗漏和不足，敬请各位学者专家给予批评和指正。

目录

第 1 章　智慧城市发展现状与政策趋势 …………………………… 001

1.1　智慧城市发展历程概述 …………………………………………… 002

1.1.1　智慧城市 1.0：物联感知 …………………………………………… 002

1.1.2　智慧城市 2.0：数据治理新型智慧城市 ………………………… 004

1.1.3　智慧城市的相关政策 ………………………………………………… 005

1.2　各领域视角的智慧城市 …………………………………………… 007

1.2.1　城市规划学视角的智慧城市 ……………………………………… 007

1.2.2　建筑学视角的智慧城市 …………………………………………… 008

1.2.3　社会学视角的智慧城市 …………………………………………… 008

1.2.4　信息系统学视角的智慧城市 ……………………………………… 009

1.3　“十四五”时期智慧城市趋势 ……………………………………… 010

1.3.1　“十四五”数字中国战略分析 ……………………………………… 010

1.3.2　“十四五”时期智慧城市发展特点 ………………………………… 014

第 2 章　智慧城市 3.0：本体论 ……………………………………… 017

2.1　智慧城市理论与实践的发展困境 ………………………………… 018

2.1.1　传统的智慧城市理论困境 ………………………………………… 018

2.1.2　传统的智慧城市现实困境 ………………………………………… 018

2.2　智慧城市本体解析研究 …………………………………………… 020

2.2.1　认知：从本体论到认识论、方法论 ……………………………… 020

2.2.2 智慧城市本体研究的意义 ······ 022

2.3 智慧城市本体建模 ······ 023

2.3.1 智慧城市本体的特点 ······ 023

2.3.2 智慧城市本体的建模 ······ 025

2.3.3 智慧城市本体的内涵 ······ 028

第3章 智慧城市 3.0：认识论 ······ 029

3.1 智慧城市发展总体演进规律 ······ 030

3.1.1 当前学术界对智慧城市规律的认知 ······ 030

3.1.2 学术界智慧城市规律认知中出现的问题 ······ 031

3.1.3 智慧城市的发展方向 ······ 032

3.2 智慧城市建设的社会系统演进规律 ······ 033

3.2.1 城市社会系统的特点 ······ 033

3.2.2 城市中自然人的利益诉求 ······ 034

3.2.3 城市管理者的利益诉求 ······ 036

3.3 智慧城市建设的城市空间演进规律 ······ 037

3.3.1 城市空间问题 ······ 037

3.3.2 未来城市的发展趋势 ······ 037

3.4 智慧城市建设的数字空间演进规律 ······ 038

3.4.1 技术经济的演进 ······ 038

3.4.2 数字世界的建设 ······ 040

3.4.3 数字孪生理念 ······ 041

3.5 智慧程度的衡量——本体视角 ······ 043

3.6 智慧城市的发展级别 ······ 045

第4章 智慧城市3.0：方法论 …… 047

4.1 方法论及构成要素 …… 048

4.2 方法论要素分析框架构建 …… 048

4.3 智慧城市方法论关注点 …… 049

4.4 常见的智慧城市方法论 …… 049

4.5 社会空间方法论 …… 051

4.5.1 “一网统管”方法论 …… 051

4.5.2 市域治理方法论 …… 052

4.6 城市空间方法论 …… 054

4.7 数字空间方法论 …… 055

4.7.1 顶层设计方法论 …… 055

4.7.2 城市操作系统方法论 …… 056

4.7.3 人工智能城市方法论 …… 056

4.7.4 城市智能体方法论 …… 057

第5章 开放的复杂巨系统理论 …… 059

5.1 系统论发展概述 …… 060

5.1.1 系统论的由来 …… 060

5.1.2 系统论的内容 …… 060

5.1.3 系统论的应用与发展 …… 061

5.2 系统科学与复杂性科学的区别与联系 …… 062

5.2.1 理论概念的区别与联系 …… 062

5.2.2 内容分类的区别与联系 …… 062

5.3 开放的复杂巨系统的由来 …… 063

5.4 开放的复杂巨系统研究方法 …… 064

5.5 开放的复杂巨系统在各行业应用总体进展 …… 066

第 6 章 基于开放的复杂巨系统理论的城市大脑顶层设计 …… 069

6.1 城市大脑发展是必然趋势 …… 070

6.1.1 城市大脑内涵 …… 070

6.1.2 城市大脑特征 …… 071

6.2 城市大脑研究现状与问题 …… 074

6.3 城市大脑是一个开放的复杂巨系统 …… 075

6.3.1 城市大脑系统的复杂性 …… 075

6.3.2 城市大脑复杂管理科学系统特征 …… 078

6.3.3 智慧城市的复杂系统结构 …… 079

6.3.4 城市大脑巨系统框架与机制构建 …… 080

6.3.5 城市大脑开放的复杂巨系统经验假设 …… 081

6.3.6 智慧城市系统动力学建模 …… 082

6.4 城市大脑的横向架构 …… 084

6.4.1 城市大脑横向总体结构 …… 084

6.4.2 城市大脑整合三大空间 …… 085

第 7 章 城市大脑系统架构 …… 089

7.1 某城市大脑建设概述 …… 090

7.1.1 建设目标 …… 090

7.1.2 建设需求 …… 092

7.2 整体架构 …… 092

7.3 部署及配置方案 …… 094

7.3.1 数据中枢部署及配置方案 …… 094

7.3.2 感知中枢部署及配置方案 …… 094

7.3.3 智能中枢部署及配置方案 …… 095

7.3.4 时空地理中枢部署及配置方案 …… 096

7.3.5 融合通信中枢部署及配置方案 …… 097

7.3.6 集成服务平台部署及配置方案 …… 099

第8章 城市大脑建设保障措施 …… 101

8.1 组织有“力”：城市领导力与执行力 …… 102

8.1.1 设立城市首席数据官推动数据治理 …… 102

8.1.2 智慧城市全过程咨询 …… 105

8.2 投资有“道”：智慧城市可持续运营 …… 109

8.3 治理有“法”：城市数据治理与利用新理念 …… 115

8.3.1 国际数据治理与数据利用回顾与现状 …… 115

8.3.2 国内数据保护与数据利用回顾与现状 …… 116

8.3.3 数据治理与数据利用 …… 116

8.3.4 智慧城市数据产权依法治理 …… 117

8.3.5 智慧城市数据源头治理 …… 119

8.3.6 智慧城市数据运营精准治理 …… 119

8.3.7 智慧城市数据维护长效治理 …… 120

8.4 安全有“术”：网信安全保障有力 …… 121

8.4.1 安全等级保护系统 …… 121

8.4.2 数据安全系统 …… 123

8.4.3 数据服务安全 …… 124

8.4.4 防火墙 …… 125

8.4.5 入侵防御系统 …… 125

8.4.6 Web应用防护系统 …… 126

8.4.7 大数据安全防护系统 …… 127

第1章

智慧城市

发展现状与政策趋势

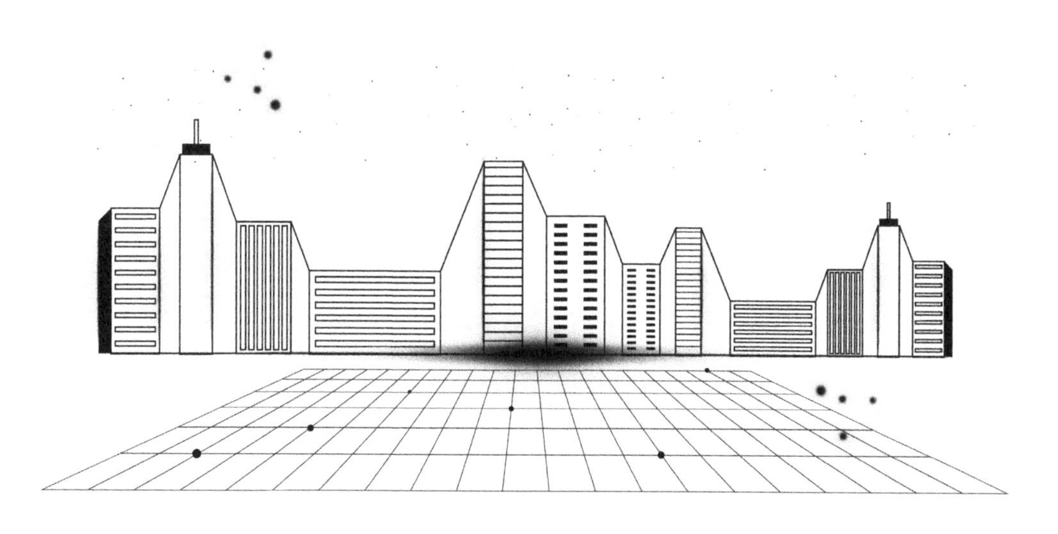

1.1 智慧城市发展历程概述

2007年，在奥地利一份名为《智慧城市：欧洲中小城市排名》的研究报告中，智慧城市（Smart City）的概念首次被比较系统地提出。该报告指出，智慧城市体现在"增长的经济、便捷的移动、舒适的环境、智慧的民众、安全的生活、公正的治理"6个方面，并通过由此衍生出的一系列指标衡量典型欧洲中等城市的可持续发展能力与竞争力。由此可见，智慧城市早期是目标概念，是以结果为导向的评价要素。如何实现上述6个方面，很多企业也在积极尝试，例如，2009年，IBM提出通过数字技术和解决方案推动智慧城市建设，主要是从技术视角强调城市的"3I"，即Instrumented（感知化）、Interconnected（互联化）和Intelligent（智能化），这也是智慧城市1.0的理念萌芽。

在智慧城市建设探索中，我国智慧城市发展大体上经历了4个阶段。第一阶段为探索实践期（2008年年底—2014年8月），此阶段的主要特征是各地方、各部门按照自己的理解来推动智慧城市建设，相对分散和无序。第二阶段为规范调整期（2014年8月—2015年12月），此阶段的主要特征是在国家层面成立了"促进智慧城市健康发展部际协调工作组"，各部门不再"单打独斗"，转而协同指导地方智慧城市建设。第三阶段为战略攻坚期（2015年12月—2017年12月），此阶段的主要特征是提出了新型智慧城市理念并将其上升为国家战略，智慧城市成为国家新型城镇化的重要抓手，以推动政务信息系统整合共享来打破"信息孤岛"，突出体现为通过智慧城市顶层设计、智慧城市发展规划牵引智慧城市建设。第四阶段为城市大脑建设期（2018年至今），以杭州城市大脑、上海"一网统管"平台为例，各地探索出更加融合的数据管理平台。第四阶段的主要特征是以政务云为城市信息基础设施载体，建设大数据平台、"一网统管"平台等，建设城市运营指挥中心、领导驾驶舱等城市大数据展示平台。2021年智慧城市建设从大而全回到了传统的场景应用，例如智慧交通、智慧医院、智慧农业、智慧警务、智慧社区、智慧安防等。总体来看，智慧城市第一、二阶段以物联感知为主，可以称为智慧城市的1.0阶段；第三、四阶段是以大数据为核心的城市运营展示阶段，可以称为智慧城市的2.0阶段；以上阶段都是围绕数字技术做文章，但是数字空间不能代表一个城市，城市还包括社会空间和物理空间。

1.1.1 智慧城市1.0：物联感知

信息通信技术的融合与发展，为普适计算、泛在网络、随时随地地在线连接、通信和交互提供了可能[1]。新一代信息通信技术应用通过传感、射频识别（Radio Frequency Identification，RFID）、3S（GIS[2]、GPS[3]、RS[4]）等技术，实时采集任何需要监控、连接、互动的物体信息或过程信息，采集声、光、热、电、力学、化学、生物、位置等各种需要的信息，并基于泛在网络及云计算实现物与物、物与人的泛在连接与感知、识别、分析、交互、管理。

IBM 公司希望能够“互联地球的人、机器和数据”“把感应器和装备嵌入电网、铁路、桥梁、隧道、公路、建筑、供水系统、大坝、油气管道等各种物体，并且使各种物体被普遍连接，形成‘物联网’，通过超级计算机和云计算将‘物联网’整合起来，实现人类社会与物理系统的整合”。智慧城市能够充分运用信息通信技术感测、分析、整合城市运行核心系统的各项关键信息，以保证对包括民生、环保、公共服务、城市建设在内的各种需求做出智能响应，让城市中的各种需求功能协调运作，为人类创造更加美好的城市生活。

智慧城市是物联感知的重要应用场景，物联感知是实现智慧城市的重要基础。通过传感技术，智慧城市可以实现对城市管理各方面的监测和全面感知。智慧城市利用各类随时随地的感知设备和智能系统，智能识别、立体感知城市环境、状态、位置等信息的全方位变化，对感知到的数据进行融合、分析和处理，并能与业务流程智能集成，继而主动做出响应，促进城市各个关键系统和谐高效运行。网络技术的发展为城市中的物与物、人与物、人与人的全面互联、互通、互动提供了技术支撑，为城市随时、随地、随需、随意应用提供了基础条件。宽带泛在网络作为智慧城市的“神经网络”，极大地增强了智慧城市作为自适应系统的信息获取、实时反馈、随时随地智能服务的能力。

物联感知在智慧城市应用建设中能够展现以下优势。第一，全覆盖，使城市部件的联网运营使用管理成为可能。例如 RFID 技术解决了条形码、二维码的数据采集准确性、唯一性问题，从而形成海量数据汇聚的基础；不需要电力供应 / 电池供电的 NFC[5]，可以有效应用在公交卡、感应接触式的数据传输上。第二，通配性，能够与互联网各类应用协议、工业机床的各类接口进行对接，充分展现其主动感知、动态实时数据传输，以及应用兼容的特性。

智慧城市 1.0 阶段的模式多以垂直行业应用为主。这个阶段的智慧城市以政府为建设者，

1 宋刚 . 移动技术在城市管理中的应用：英国游牧项目及其启示 [J]. 城市管理与科技，2005（3）: 103-106.

2 GIS（Geographic Information System，地理信息系统）。

3 GPS（Global Positioning System，全球定位系统）。

4 RS（Remote Sensing，遥感）。

5 NFC（Near Field Communication，近场通信）。

在政府管理场景下应用，聚焦垂直领域更加专业、更加精细化管理的问题。例如，交管部门、运输部门通过更多的技术应用，包括 RFID 和新型智能摄像头等，去解决交通管控问题。智慧城市 1.0 主要面向具体行业进行物联感知应用，当时各地市还没有成立大数据管理局之类的机构。交通行业的试行只是实现了局部的智能化管理与调度，严格来说还称不上是智慧，只能说是建设了一张大视频网，许多场景也只处在摸索阶段，这种管理方式试图在系统上将数据打通并寻找更多的适用场景，为各行业的未来应用做前期的经验探索。这阶段的价值主要在于寻找更多的可行性解决方案，在不同的行业建立对应的试点，尝试性收集数据。

不过，在国家政策的强力推动下，环渤海、长三角和珠三角三大经济区，以及成渝经济圈、武汉城市群、鄱阳湖生态经济区、关中—天水经济圈等中西部地区的智慧城市建设均呈现出良好的发展态势，这些地区普遍强调区域经济一体化，在不同行业之间形成一系列的融合管理平台，例如长三角气象保障一体化，即“一张网＋一朵云＋三个平台”，形成气象协同观测的“一张网”和气象信息资源共享的“一朵云”，并且打造长三角一体化和智能化的气象预报、服务和创新“三平台”。

1.1.2 智慧城市 2.0：数据治理新型智慧城市

《中华人民共和国国民经济和社会发展第十三个五年规划纲要》中首次提出要“建设一批新型示范性智慧城市”。新型智慧城市是根据我国国情提出的智慧城市概念。新型智慧城市是在现代信息社会条件下，针对城市经济、社会发展的现实需求，以提升人民群众的幸福感和满意度为核心，为提升城市发展智慧化而开展的改革创新系统工程；新型智慧城市是落实国家新型城镇化战略规划，富有中国特色、体现新型政策机制和创新发展模式的智慧城市；新型智慧城市的核心是以人为本，本质是改革创新。我国提出的新型智慧城市概念更加注重以下 4 个特征[1]。一是中国化。国外的智慧城市理念重在对“物”的管理，主要是推广物联网、云计算等信息技术，而我国的新型智慧城市建设的核心是以“人”为本，基于我国“四化同步”的国情实际，服务于我国以“人的城镇化”为核心的新型城镇化进程，促进解决“三个一亿人”的综合承载问题，助力提升我国城镇化发展质量和水平。二是融合化。新型智慧城市要着力推进技术融合、数据融合和业务融合，着力打破“信息孤岛”，打通数据

1 唐斯斯，张延强，单志广，等.我国新型智慧城市发展现状、形势与政策建议[J].电子政务，2020（4）:70-80.

共享和融合的“七经八脉”，促进互联网、大数据、物联网、云计算、人工智能、区块链等新一代信息技术与城市管理服务相融合，提升城市治理和服务水平。三是协同化。新型智慧城市不是简单的城市内政府部门、业务条线的信息化，而是要通过互联互通、纵横联动，特别是城市层面的横向融通，协调城市治理的“五脏六腑”，推动实现跨层级、跨地域、跨系统、跨部门、跨业务的协同管理和服务，将过去各自为政、各行其是的“稳态”信息系统，打造成全程全时、全模式全响应、“牵一发而动全身”的“敏态”智慧系统，实现城市治理模式的智慧化。四是创新化。新型智慧城市的本质是利用新一代信息技术对城市进行重塑和再造，利用数据资源畅通流动、开放共享的属性，使城市的管理体制、治理结构、服务模式、产业布局更加合理优化、透明高效。从创新意义上来说，凡是技术导向、项目驱动，没有业务优化重塑再造、没有改革创新举措和发展实效突破的智慧城市，都不是真正意义上的新型智慧城市。

这个发展阶段强调各系统和平台在垂直机构中的有效接入，实现跨区域、跨层级、跨系统、跨部门、跨业务数据联通。在加快数据开放共享，加强安全保障和隐私保护的前提下，分权限分层级推动公共数据资源开放。但是，把城市所有数据都汇聚起来的难度、成本和风险极高，不同的部门机构之间会存在意愿不统一、数据价值未充分补偿、分享不公平的问题，导致数据不能发挥出协同价值，究其原因在于没有形成数据资产化、数据资产本体化、数据资产交易机制。从本质上来说，智慧城市1.0和智慧城市2.0阶段侧重于硬件工程的建设、软件架构的开发，但是最核心的流动要素是数据，而数据的深层价值并没有被充分发掘。

1.1.3 智慧城市的相关政策

在我国智慧城市自提出到建设发展已有10余年，这种通过数据和技术驱动，更具适应力、更高效和更持续的网络化城市，颇受我国地方政府青睐。

2012年12月5日，住房和城乡建设部颁布了《国家智慧城市试点暂行管理办法》《国家智慧城市（区、镇）试点指标体系（试行）》，这是我国首次提出关于智慧城市建设的指导性文件。随后，地方各级政府相关部门结合本地实际状况与发展需求，也相应地发布了本地智慧城市建设的规划方案，近年来，随着智慧城市实践的发展和深入，与其建设相关的指导文件数量逐年增多，文件内容也越发规范清晰。2012—2022年我国智慧城市建设的主要政策见表1-1。

表 1-1　2012—2022 年我国智慧城市建设的主要政策

时间	政策名称	主要内容
2012 年 1 月	《国务院关于印发工业转型升级规划（2011—2015 年）的通知》	该通知从推进物联网应用的角度，明确了智慧城市的应用领域
2014 年 3 月	中共中央、国务院印发《国家新型城镇化规划（2014—2020 年）》	提出利用大数据、云计算、物联网等新一代信息通信技术，推动智慧城市发展，首次把智慧城市建设引入国家战略规划，并提出到 2020 年，建成一批特色鲜明的智慧城市
2014 年 8 月	国家发展和改革委员会、工业和信息化部等八部委联合印发了《关于促进智慧城市健康发展的指导意见》	到 2020 年，建成一批特色鲜明的智慧城市，聚集和辐射带动作用大幅增强，综合竞争优势明显提高，在保障和改善民生服务、创新社会管理、维护网络安全等方面取得显著成效
2016 年 11 月	《关于组织开展新型智慧城市评价工作务实推动新型智慧城市健康快速发展的通知》	一是以评价工作为指引，明确新型智慧城市工作方向；二是以评价工作为手段，提升城市便民惠民水平；三是以评价工作为抓手，促进新型智慧城市经验共享和推广
2017 年 9 月	《智慧交通让出行更便捷行动方案（2017—2020 年）》	2020 基本实现全国范围内旅客联程运输服务，推动道路客运电子客票体系应用；实现道路客运联网售票二级及以上客运站覆盖率 90% 以上
2018 年 6 月	GB/T 36333—2018《智慧城市 顶层设计指南》	给出了智慧城市顶层设计的总体原则、基本过程，及需求分析、总体设计、架构设计、实施路径规划的具体建议
2019 年 1 月	《智慧城市时空大数据平台建设技术大纲（2019 版）》	目标是在数字城市地理空间框架的基础上，依托城市云支撑环境，实现向智慧城市时空大数据平台的提升，开发智慧专题应用系统，为智慧城市时空大数据平台的全面应用积累经验
2020 年 12 月	《工业互联网创新发展行动计划（2021—2023 年）》	培育一批系统集成解决方案供应商，扩展智慧城市等领域规模化应用。打造跨产业数据枢纽与服务平台，形成产融合作、智慧城市等融通平台
2021 年 1 月	商务部等 19 部门发布关于促进对外设计咨询高质量发展有关工作的通知	积极参与新基建和传统基础设施升级改造，在低能耗建筑、智慧城市开发等先进工程领域积累经验，加快形成参与国际竞争的新优势
2021 年 9 月	工业和信息化部等部委发布《物联网新型基础设施建设三年行动计划（2021—2023 年）》	推进基于数字化、网络化、智能化的新型城市基础设施建设。推动智慧管廊、智能表计、智慧灯杆等感知终端的建设和规模化应用部署，实现城市全要素数字化和虚拟化，构建城市公共治理新模式
2022 年 3 月	国家发展和改革委员会《2022 年新型城镇化和城乡融合发展重点任务》	加快智慧城市建设。坚持人民城市人民建，人民城市为人民，建设宜居、韧性、创新、智慧、绿色、人文城市

1.2 各领域视角的智慧城市

1.2.1 城市规划学视角的智慧城市

经典的城市规划理论如下。

（1）霍华德“田园城市”理论

“田园城市”理论最早由英国的埃比尼泽·霍华德爵士于 1898 年在其著作《明日的田园城市》中提出，当代很多城市规划思想都来源于“田园城市”理论。这一理论认为，城市建设要科学规划，突出园林绿化。霍华德设想的田园城市包括城市和乡村两个部分，兼有城乡的有利条件而去除两者的不利条件，比较适合小型城镇建设。19 世纪，工业大发展带来的社会环境问题让人们怀念工业革命之前的农业经济时代，对于现代城市来说，“田园城市”本质上是在满足现代基础设施要素的基础上，最大化地返璞归真，让城市生态空间更加友好。

（2）沙里宁“有机疏散”理论

“有机疏散”理论是芬兰学者伊利尔·沙里宁在 20 世纪初针对大城市过分膨胀所带来的各种弊病提出的疏导大城市的理论，是城市分散发展理论的一种。沙里宁在 1943 年出版的著作《城市：它的发展、衰败和未来》中对“有机疏散”理论进行了详细的阐述：对日常活动进行功能性集中，并对集中点进行有机分散。随着第三次工业革命的完成，城市规模已经逐步膨胀到难以承载的地步，因此要对城市进行合理疏散，将工业搬离城市中心，搬离后的空地建设成绿地或者公共活动中心，事业和城市行政管理部门必须设置在城市的中心位置。

（3）城市集中论

城市集中论强调城市有序发展，传统的城市由于规模增长和市中心拥挤程度加剧，已出现功能性腐朽，关于拥挤的问题可以用提高密度来解决，即调整城市内部的密度分布，而新的城市布局形式应当能容纳一个新型的、高效率的城市交通系统。

（4）生态城市规划理论

生态城市规划理论关注自然生态与人文生态的协调发展，生态城市规划通过围绕区域生态的平衡，实现自然生态、经济和社会等系统的有机统一，从而加强整体性和系统性的城市设计规划。

（5）“精明增长”理论

20 世纪 90 年代，美国开始意识到城市发展中推行的“郊区化”无序扩张所带来的一系列问题，例如城市低密度无序蔓延，大量农田被占用，城市居民的工作区和生活区的距离越来越远，能源消耗越来越多等；而欧洲城市的“紧凑发展”策略使欧洲城市密度高、能耗低，并被普遍认为是居住和工作的理想城市。因此，美国提出了“精明增长”理论，由于城市居民大部分生活在城市中心区，社区是他们参与社会事务和公共决策的重要场所，为提高城市决策的科学性，城市的中心增长区应该在中心区域[1]。“精明增长”理论的本质是提高土地利用率，提高生活品质，用足城市存量空间，不盲目扩张；加强对现有社区的重建，重新开发废弃、污染工业用地，以节约基础设施和公共服务成本；城市建设相对集中，密集组团，生活区尽量拉近和就业区的距离，减少基础设施、房屋建设，降低使用成本。“精明增长”理论在 20 世纪 90 年代曾经非常流行，但是后来逐步淡出理论界和城市管理者的视野，被数字城市和智能城市理念取代。

1.2.2 建筑学视角的智慧城市

建筑的服务对象是人，人对建筑的诉求已经不仅仅是遮风挡雨，就像人对城市的诉求已经不仅仅是满足吃穿住行。GB 50314—2015《智能建筑设计标准》中定义了智能建筑，即以各种类型的智能信息的应用为基础，以建筑为平台整合建筑、系统、程序管理和优化服务，具有一定的感知能力、沟通能力、存储能力、推理能力，形成可相互协调的整体，为人们提供更加全面、高效、便捷的生活环境。智慧城市理念下的建筑设计，简单来说就是将信息技术与建筑设计有效结合在一起，以此来更好地完成方案设计，为后续建筑项目的顺利开展提供重要保障。基于智慧城市理念设计出的建筑物，不仅有着较为个性的外观，在实用性方面也相对较强，能够带给城市居民更优质的服务。

1.2.3 社会学视角的智慧城市

如果说城市规划和建筑学视角是智慧城市建设的空间集，那么社会学视角的智慧城市则是从研究个人与群体、群体与群体之间的关系来研究智慧城市，是研究社会空间的课题。智慧城市 1.0 强调的是物联感知，而智慧城市 2.0 强调的是“以人为本”的新型智慧城市，是智慧城市从数字空间向社会空间的迁移。早在 20 世纪 80 年代，信息与通信技术开始萌芽的时候，美国加州大学伯克利分校的卡斯特尔教授就从社会学、信息社会学和网络社会学 3 个角度进行融合

1 楚金华 . 基于利益相关者视角的智慧城市建设价值创造模式研究 [J]. 当代经济管理，2017，39（6）:55-63.

研究，探讨了信息与通信技术的发展对城市生活带来的影响，提出了“流动空间”的概念。“流动空间”是指不仅有电子、通信和网络，还有通过这些通信网络和辅助系统，围绕某种共同的、同时性的社会实践，从而建立起来的各个地点的网络连接。他认为“流动空间”作为虚拟空间，将逐步成为人类生活的一部分，并改变世界以及重建人们与现实的联系，有关经济、政治、社会、文化、教育、医疗、科技、娱乐及社交的传统运作，将发生根本性转变。

1.2.4 信息系统学视角的智慧城市

我国经历了10余年智慧城市的发展，在这一历程中，人们往往对智慧城市的近期发展估计过高，而又对长远发展估计不足，对适应我国国情的顶层设计的难度欠缺考量。目前主要存在3个方面的核心问题：第一，缺乏对我国特色智慧城市理念、内涵的科学统一认识；第二，缺乏适应国情的科学有效的智慧城市顶层设计理论和方法体系；第三，缺乏智慧城市可持续发展的动力机制和长效的运营发展模式。与发达国家相比，我国城市是在“四化同步”的背景下推进的，城市所承担的发展功能比国外更多，政府管理的边界更大，我们在建设智慧城市过程中遇到的问题也更为复杂，所需要解决的问题和发展重点与国外不同，我国迫切需要研究出适应国情实际、科学有效的智慧城市顶层设计理论和方法体系。

智慧城市是一个要素复杂、应用多样、相互作用、不断演化的综合性复杂巨系统。智慧城市是系统的系统，不是子系统的直接简单组合。因此，对顶层设计而言，子系统之间的关系刻画和约束分析比子系统本身的设计更为重要。顶层设计本身就是一个系统工程学的概念，是指一项工程“整体理念”的具体化。既然完成一项大工程，就要以理念一致、功能协调、结构统一、资源共享、部件标准化等系统论的方法，从全局视角出发，对工程的各个层次、要素进行统筹考虑。智慧城市的顶层设计不仅是技术层面的问题，还是制度层面的问题，是资源整合共享和利益格局重构的“硬骨头”“老大难”问题。当前智慧城市建设最根本的问题是缺乏有效的横向管理协调机制。因此，制度层面的顶层设计主要解决体制机制的不协调，包括全面统筹协调、体制机制创新、完善管理制度、完善投融资机制。技术实施层面的顶层设计主要是打通技术壁垒，按照“端—网—云”的体系架构实现“三融合五跨”（技术融合、数据融合、业务融合，跨领域、跨地域、跨系统、跨部门、跨业务）。智慧城市顶层设计需要自下而上的业务设计和自上而下的信息化设计的有机结合。智慧城市是一个有机生命体，是可以自演化、自生长、自调节的。因此，在顶层设计中，除了要运用面向复杂巨系统的系统工程思维，还要运用互联网思维，顶层设计应该是“活”的设计，要在“四梁八柱”确定的情况下，使智慧城市的发展能够小步快跑、不断迭代、逐步逼近、快速更新、强力拓展，要着力打造智慧城市可持续发展的内生动力机制，推动管理机制创新、运营模式创新、资本运作创新，使我国新型智慧城市的发展真正健康、可持续。

1.3 “十四五”时期智慧城市趋势

1.3.1 “十四五”数字中国战略分析

《中华人民共和国国民经济和社会发展第十四个五年规划和 2035 年远景目标纲要》（以下简称“十四五”规划）具体指明了我国 2021 年之后的五年发展着力点。

“十四五”规划采用篇、章、节的形式，一共用了十九篇六十五章阐述了具体的规划内容。其中，第五篇为“加快数字化发展 建设数字中国”，内容为第十五章、第十六章、第十七章、第十八章，提出了建设数字中国的四大方向。建设数字中国的四大方向见表 1-2。

表 1-2 建设数字中国的四大方向

章	章名称	节编号	节名称
第十五章	打造数字经济新优势	第一节	加强关键数字技术创新应用
		第二节	加快推动数字产业化
		第三节	推进产业数字化转型
第十六章	加快数字社会建设步伐	第一节	提供智慧便捷的公共服务
		第二节	建设智慧城市和数字乡村
		第三节	构筑美好数字生活新图景
第十七章	提高数字政府建设水平	第一节	加强公共数据开放共享
		第二节	推动政务信息化共建共用
		第三节	提高数字化政务服务效能
第十八章	营造良好数字生态	第一节	建立健全数据要素市场规则
		第二节	营造规范有序的政策环境
		第三节	加强网络安全保护
		第四节	推动构建网络空间命运共同体

“十四五”规划的第五篇内容从总体描述来说是“迎接数字时代，激活数据要素潜能，推进网络强国建设，加快建设数字经济、数字社会、数字政府，以数字化转型整体驱动生产方式、生活方式和治理方式变革”。从表 1-2 中可以看出，“十四五”规划的数字中国建设主脉络：首先，从宏观到微观是数字经济、数字社会、数字政府三大建设层次；其次，从建设层次到保障措施，建设层次为三大建设层次，保障措施是数字生态，包括数据要素的擅长规则、政策环境打造、网络安全、国际合作。数字中国建设总体脉络如图 1-1 所示。

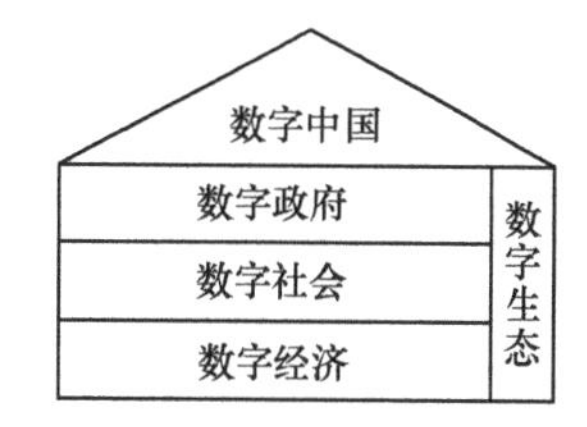

图 1-1　数字中国建设总体脉络

通过构建数字政府，推动政务信息化，提高政务服务效能，推动数据开放共享，进而推动智慧城市建设，智慧城市的建设过程中要统筹城乡一体化，打造数字乡村、连接一体的数字化美好生活场景。以下从数字政府、数字社会、数字经济、数字生态这 4 个方向进行阐述。

（1）数字政府：提高决策科学性和服务效率

数字技术将广泛应用于政府管理服务，推动政府治理流程再造和模式优化，不断提高决策的科学性和服务效率。具体措施为加强公共数据开放共享、加强政务信息化共建共用、提高数字化政务服务效能，最核心的关键词是开放、共享、共建、共用、效能。大量的政务数据只有流动起来才能体现出它应有的价值。数字政府建设总体脉络如图 1-2 所示。

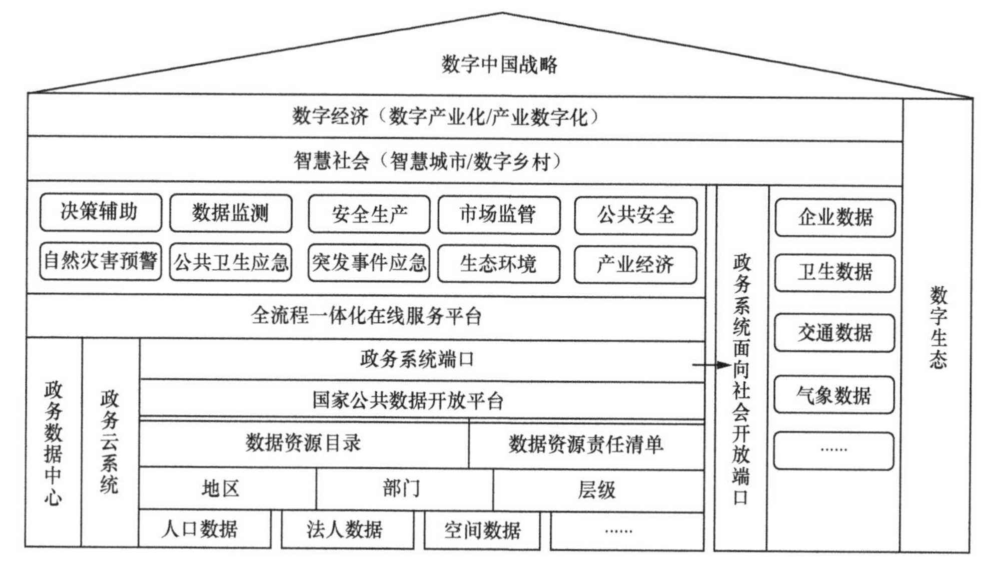

图 1-2　数字政府建设总体脉络

从图 1-2 中可以看出，数字政府能够提高政府存量数据和新增数据的治理效能，政府数据治理涉及数据资源目录、数据资源责任清单，在这个总框架下通过不同部门、不同地区、不同层级进行采集、汇总到统一的国家公共数据开放平台，该平台对内服务于政府的流程再造和城市监管，对外进行数据端口开放，服务于社会需求，让更多的企业、团队、研究院所加入政府效能提升和数据开发的工作中，促进政府数据利用的价值最大化，通过第三方服务促进效能提升，带动相关产业的发展。

（2）数字社会：城乡一体化共享数字福利

数字社会是适应数字技术全面融入社会交往和日常生活的新趋势，促进公共服务和社会运行方式创新，构筑全民畅享的数字生活。数字社会更多的是数字政府在社会层面的延伸，数字政府大部分是为了提升政府本身的数字化能力。数字社会是在城市、乡村开展面向人民群众生活方方面面的现代化城市服务，其产业空间比数字政府更大。数字社会建设总体脉络如图 1-3 所示。

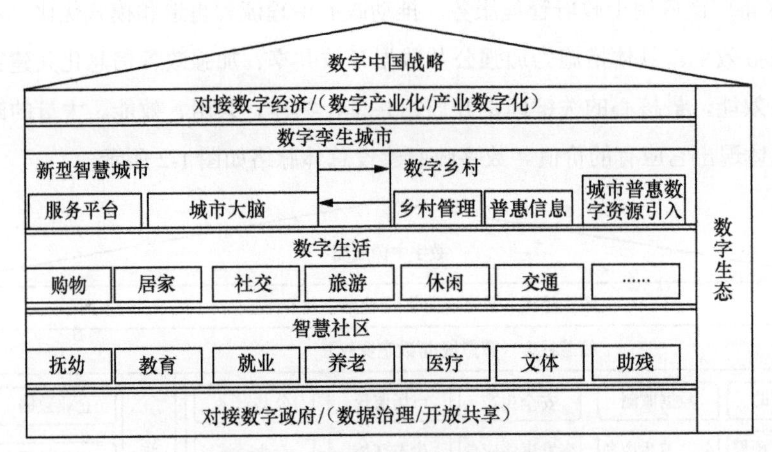

图 1-3　数字社会建设总体脉络

由图 1-3 可以看出，数字社会包含了面向人民群众全生命周期的服务，并且鼓励借助数字技术打破时空限制，推送优质普惠的城市信息资源到乡村，形成城乡一体化发展新格局。在智慧城市领域，可以看出是沿着数字城市、城市大脑、数字孪生城市不断演进的，数字城市推动了城市数据的汇总计算，借助算法推动行业级城市大脑向综合城市大脑演进，而智慧城市的发展终极是数字孪生城市。城市大脑可以解决信息空间存量数据与新增数据的计算，它是正反馈过程。数字孪生城市是未来数字社会的发展主线。

（3）数字经济：助力产业转型拉动经济增长

发展才是硬道理，只有发展才能解决问题。数字政府、数字社会是现有社会治理结构的优化，而一个地区、一个国家的发展最终还是要靠产业经济，发达国家经历了完整的工业化进程，且抓住了 20 世纪电子工业发展的契机，而我国在电子工业、核心数字产业领域还需要一些核心技术的突破，因此未来数字产业的发展要从攻克核心技术、产业数字化、数字产业化 3 个维度发力。数字经济建设总体脉络如图 1-4 所示。

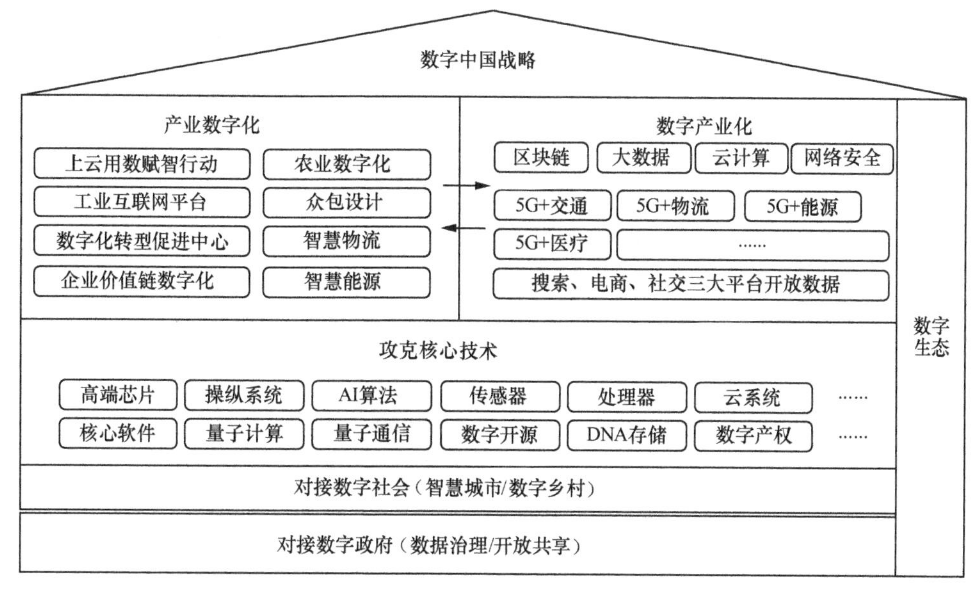

图 1-4　数字经济建设总体脉络

数字经济发展从技术升级的维度也可以分为数字化、互联网 / 物联网、数字孪生三大阶段，数字化其实就是产业数字化，从工业时代的产业向数字经济时代的产业延伸；而数字产业化其实就是借助互联网、物联网、数字孪生等数字技术进一步将大数据加以利用，形成新的产业和增加值。

（4）数字生态：举全局之力保障数字中国战略行稳致远

推动数字中国战略需要有法治保障、政策保障、网络安全保障、国际合作保障等。

法治保障方面，数据产权立法是当前数据流动、数据交易、争议仲裁的基础，政策保障、网络安全保障、国际合作保障等都是以数据立法作为基础的。在国家层面还需要加快立法进程，推动围绕数字产业的法律法规制定。

政策保障方面，数字中国政策体系也在逐步健全，已连续发布了多项政策，“十四五”时期也推出了新基建的专项规划，政策引导尤其是政府激励基金、减税等政策可以起到“四两拨千斤”的作用。

网络安全保障方面，要确定安全与效率的最佳组合，数字生态的本质是保障数字中国的发展。确保重要领域、重要网络、重要设施的安全，网络空间已经成为继“海、陆、空”之后的第四大主权空间。数字生态建设总体脉络如图 1-5 所示。

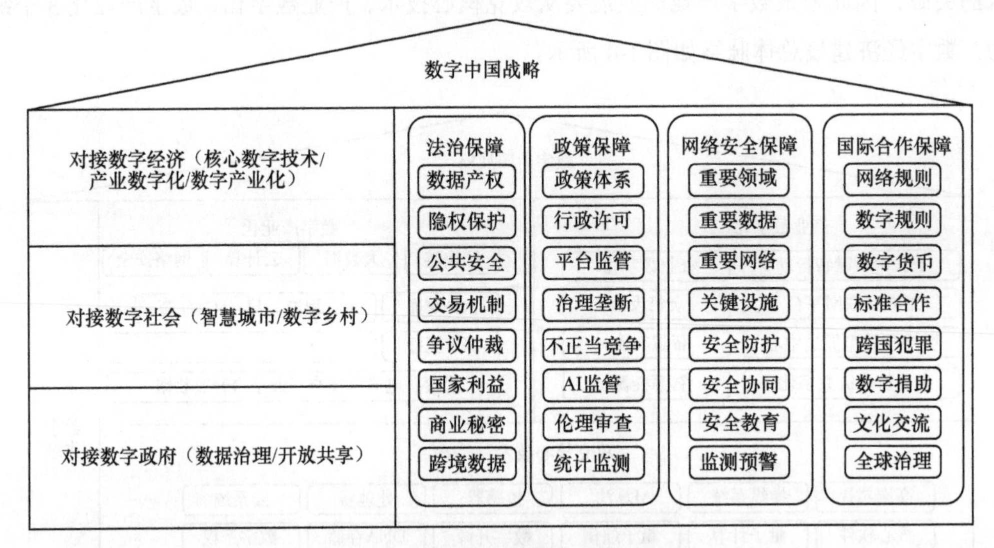

图 1-5　数字生态建设总体脉络

国际合作保障方面，我国目前在国际标准制定、国际技术合作方面已经取得了较大的进展，但也面临国际合作理念、合作模式、文化交流等问题。全球治理、数据治理需要世界各国携手合作，在国际合作中秉持“人类命运共同体”的理念，以此为初心开展标准需求分析、标准广泛合作，以更大的视野和更大的责任感去推动国际合作。

1.3.2　“十四五”时期智慧城市发展特点

智慧城市承载着人们对美好生活的向往，未来 10 年内，我国将有 70% 的人生活在城市，80% 的国民收入、90% 以上的财政收入由城市（城镇）创造，城市发展好，经济发展才更有动力。城镇化带动了相关产业的发展，人们对美好生活的向往体现在吃、穿、住、用、行等方面，这些行业的健康发展需要政府统一引导、监管。智慧城市是一项巨大的城市服务产品，产品是否令人满意，体现在人们对城市的归属感上，体现在城市的品质提升上，也体现在城市产业经济的发展上。

而智慧城市的建设将作为新型城镇化的先导力量加速这一进程的实现，对标国外数字经济、智慧城市的发展阶段，在“十四五”规划的指引下，我国智慧城市的关注点将有新的变化。

（1）智慧城市范围从单纯的城市管理向城乡统筹转变

“十四五”之前的智慧城市管理主要关注城市管理本身的信息化，包括城市大脑、领导驾驶舱、大数据中心、智慧城市指挥中心等，未来智慧城市范围将延伸到城乡统筹，包括产业层面的统筹、城市交通、医疗资源、教育资源、能源资源等方面，缩小城乡差距，弥补城乡“数字鸿沟”，促进城乡一体化，让城市发展带动乡村经济，让乡村发展向城市看齐，促进第一产业与第二产业、第三产业之间协调发展。城市代表的是工业经济、数字经济的产业力量，而农村代表的是农业经济的力量，将城市工业经济、数字经济向乡村延伸，反哺农业经济发展并提升农业经济效率，带动乡村劳动力形成挤出效应，才会推动城市的扩张和城镇化，说到底，城镇化是人的“市民化”、人的“城镇化”，因此智慧城市将推动各行业填补“城乡鸿沟”，智慧乡村、智慧小镇等也将融入智慧城市的大格局。

（2）智慧城市从纵向云模式向横向演进模式转变

2009年开始，智慧城市的发展就与云计算结下了不解之缘，国内大部分智慧城市的总体架构也按照云计算的3层架构来设计，并侧重在物联感知层面，与城市中人们的需求、产业经济、企业发展等并没有紧密关联，且涉及各个职能管理部门的条块分割，最终实施起来难免受限。从时间维度来看，整个智慧城市的发展将经历数字化、互联网/物联网、数字孪生3个阶段。只有城市基础设施数字化及各个行业的管理对象数字化，才具备互联互通的前提，然后再回到真正实现数字孪生的城市，通过城市数字世界的反作用推动实现数字城市、智慧城市的愿景，因此传统的自下而上的3层静态物理架构正在逐步向横向动态演进发展，这种横向的动态演进有规律可循，从而让我们看清智慧城市的发展方向，摸清大势。通过数字经济阶段智慧城市的建设，逐步向智能经济阶段的城市大脑演进，“十四五”规划提出应完善城市信息模型平台和运行管理服务平台，构建城市数据资源体系，推进城市大脑建设，促进公共服务和社会运行方式创新，构筑全民畅享的数字生活。这为智慧城市建设进一步指明了城市大脑的资源基础、业务目标和发展方向，城市大脑的建设即将进入一个蓬勃发展的阶段[1]。

（3）智慧城市从顶层设计向场景化落地延伸

智慧城市顶层设计通过10余年时间的整体策划，目前已经从总体部署向各行业深入推进的方向发展，各行业的智慧城市需要场景化落地，例如智慧环保、智慧交通、智慧旅游、智慧

1 郭骅，邓三鸿.城市大脑的定位、溯源、创新和关键要素[J].人民论坛·学术前沿，2021（9）:35-41.

社区、智慧校园、智慧安监、智慧医疗等。通过场景化落地，智慧城市在各行各业生根发芽，更好地服务产业发展、民生福祉、创新创业，场景化落地与具体行业的运行规则、操作流程紧密相关，由此就会出现更多的流程再造、管理优化、信息化升级。智慧城市中包含智慧政务（行业管理）、智慧企业、智慧园区、智慧社区、智慧物业、智能家居等，逐层细化，所有这些场景的智慧化最终将汇聚为整个城市的智慧化。

（4）智慧城市成为新基建的中坚力量

当前，数字经济关键领域以智能建筑、智慧社区、智慧园区、智慧能源、智慧交通、智慧城市、工业互联网、消费互联网等产出比较大的产业为主，其中智慧城市起到了中枢作用，与其他领域有着广泛的联系，智慧城市的顺利推进是带动城市消费、就业、产业转型升级的巨大推动力，因此智慧城市成为数字经济的中坚力量，发展的重心也从建设转向运营，建设阶段以软硬件集成为主，主要采用工程总包的方式，而运营阶段则强调智慧城市数字生态的可持续运营，需要持续地优化、完善、运维，政府也从城市治理者向城市运营者转变。

（5）智慧城市建设标准化体系将不断完善

“十四五”时期，智慧城市的建设标准将进一步完善，一些省份、地市也在探索建立适合本地特色的智慧城市标准体系，这些地区一般采用智慧城市总体规划作为指引，标准体系作为总体规划的落地方式进行开展，一般分为通用型标准规范、领域型标准规范等。围绕智慧城市引进标准化专业人才和建立相关标准机构，可大幅提升标准制定和管理的能力。未来这一趋势还将延续，逐渐形成完善的自下而上的国内智慧城市标准体系。

（6）数字孪生城市将从静态走向动态

传统意义上的数字孪生城市是基于3D模拟的图像渲染或无人机拍摄的真实图片搭建的模型，不是严格意义上的数字孪生城市，本质上，数字孪生城市离不开物联感知、视频监控、建筑信息模型（Building Information Model, BIM）、城市信息模型、地理位置信息系统、数据中台等，通过这些设备及系统部署，将一个个建筑信息模型汇总成城市信息模型，添加上感知信息和地理位置信息，使城市中的静态物理环境叠加上动态信息，可以实现在数字孪生环境中的管理行为。而数字孪生世界也将为数字经济发展的下一个阶段——以人工智能为核心的智能经济社会打下基础，因此未来的智慧园区、数字孪生工厂、交通动态高精地图都会逐步汇总形成整个数字孪生城市。

总体来说，智慧城市在探索中不断进步，唯一要把握的是人们对美好生活的向往这一重要需求，人的需求层次是建设智慧城市的出发点和落脚点。期待我国智慧城市建设理念、建设标准、建设方案越来越科学、越来越惠及群众。

第 2 章

智慧城市 3.0：本体论

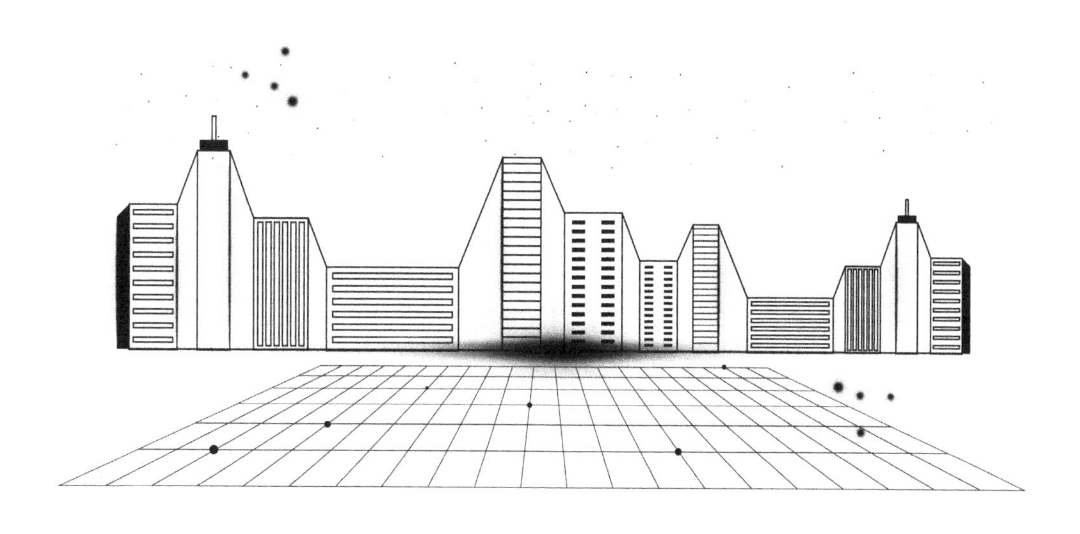

2.1 智慧城市理论与实践的发展困境

2.1.1 传统的智慧城市理论困境

随着城市的基础设施建设投资逐年增加，城市的环境污染问题、医疗与养老问题、交通问题、信息数据管理问题、产业转型升级问题等也需要解决。对于“智慧城市”这个概念来说，有观点认为发展智慧城市就是把信息化工作做好；有观点认为是做好大数据治理；还有观点认为智慧城市就是物联网技术的应用，等等。总体来说，这些观点服务的对象没有变化，是城市管理者、城市企事业单位、城市居民；发展目标也没有变化，是城市的可持续发展。城市管理者就像企业的运营管理人员，企业要有正收益，城市要有各种向上的友好指标；企业能够获得良好的投资环境、政商环境；个人能够融入城市，找到归属感。以上这些观点都是智慧城市发展的一部分，社会发展是一个非常复杂的系统，城市要素也同样非常复杂，不可能用一个分类维度完全覆盖。从顶层设计来说，智慧城市几乎无所不包。因此要发展好智慧城市、做好智慧城市的顶层规划，就要从系统的角度去考虑，才能从宏观到微观、从平面到立体、从静态到动态去推动智慧城市的发展。

智慧城市建设曾与城市规划、建筑设计是割裂的，狭义的智慧城市是指利用各种信息技术或创新概念，将城市的系统和服务打通、集成，以提升资源的运用效率，优化城市管理和服务，改善市民生活质量，但是现阶段的城市规划也要符合数字技术的发展趋势。

2.1.2 传统的智慧城市现实困境

鉴于智慧城市的复杂性，理论还不够健全，我们对智慧城市的认知还不够完善，以下从顶层设计、“信息孤岛”、信息化到智能化发展等维度进行阐述。

（1）智慧城市顶层设计亟待加强

智慧城市是一个要素复杂、应用多样、相互作用、不断演化的综合性复杂巨系统，需要进行整体规划设计。虽然各地对于新型智慧城市建设有足够的自主权和能动性，也取得了一定的实践经验与成效，但是各个层面亟须强化一体化设计，引导城市因地制宜做好规划衔接，避免因为不科学、盲目的谋划而造成资源浪费。各地应按照系统的方法论，进一步建立和完善适应我国“三融合五跨”发展目标的智慧城市顶层设计方法论，解决智慧城市各层级、各系统之间的数据融合、信息共享和业务协同机制，重点解决各系统之间的衔接配合与关联约束，用科学的方法指导智慧城市的复杂巨系统规划设计，提高顶层设计的科学性、规范性和可操作性。在法律法规上，目前数据资源的所有权、管理权、使用权、定价机制等没有被明确规定，部门政务数据的权责利边界模糊，制约了数据资源的流动、共享和开放。同时，随着数字经济新技术、新应用、新场景、新业态的发展，跨层级、跨地域、跨行业、跨业务的数据共享需求与日俱增，亟待制定统一的规则框架，以完善涵盖技术、管理、监督、安全等方面的标准体系。

（2）智慧城市的“信息孤岛”问题

“信息孤岛”依然是当前智慧城市建设过程中资源整合的最大障碍之一，一直以来智慧城市的发展方向并不明晰，在国际上也缺乏统一的建设标准、技术标准、行业标准，导致城市各部门信息系统的“孤岛”效应严重[1]。在管理层面，城市部门横向协同困难，行政分割、管理分治的现象普遍存在；在技术层面，智慧城市建设覆盖诸多领域，目前缺乏统一的行业标准，不同系统之间的信息转换和共享困难。而且，城市各部门在长期信息化过程中积累了海量数据和信息，短期内较难实现跨部门的信息转换和互通。要实现资源整合和共享，在管理机制上，需要建立各部门、各行业的数据和信息传递的标准和规范；在技术上，需要按照城市系统架构收集数据信息，搭建统一的信息共享平台。同时，为保证各部门、各行业的信息安全，还需要合理设置管理信息系统的权限机制；建立描述信息资源的元数据标准，在信息输入、传输、存储、处理、分析和输出的各个环节，控制信息的访问权限，既要实现城市之间、各部门之间各类资源的共享与融合，又要合法合理维护信息安全。

现有的智慧城市建设缺乏较高程度的数据开放性共享，各部门之间的横向联系较弱，业务数据无法实现链接和信息共享，存在数据空白问题。同时，各部门间的信息化数据格式无法兼容，难以形成数据合力，数据开放程度也有所欠缺，开放平台的数据量较少、数据层次较浅，无法满足人们对公共数据的需求。

（3）智慧城市由信息化到智能化发展的问题

信息化是通过信息高效流通，减少信任成本与组织内耗，从而达到边际成本递减的目的，而基础设施和公共服务边际成本降低是城市集聚的根本动力。两者高度统一，是城市信息化的根源。信息化的本质是通过数据和计算，更高效地连接供需双方，实现精准匹配，使有限存量资源发挥更大的效率。商务和政务的最终状态是使组织具有有机生命体特征，适应目标人群需求，真正实

1 刘锋，乔蓓蓓.城市大脑与智慧城市的关系问题探讨[J].中国建设信息化，2021（18）：58-60.

现以人为本。通常说的信息化，是狭义概念，是指政府或企业业务“数字化”，或者说“信息技术化”。实际上，信息化是通过搭建业务系统，把线下手续转为线上工作流程，把纸质公文和文档转为电子文件，并让相关人员了解“业务现在什么情况”“流程进展到哪”等动态业务信息。

我国目前的智慧城市建设，主体是政府信息化工程，通常称为数字政府或电子政务，是指在计算机、互联网等信息技术的支撑下，政府机构日常办公、信息收集与发布、远程会议、公共管理等事务在数字化、网络化环境下进行。数字政府通过构建数据驱动的政务新机制、新平台、新渠道，进一步优化调整政府内部组织架构、运作程序和管理服务，在经济调节、市场监管、社会治理、公共服务、环境保护等领域全面提升履职能力。数字政府可以实现让政府运行摆脱人工操作，提高办事效率，降低行政成本；数据跨层级跨部门流转更高效，促进政府实现整体协同；政府与市民之间信息通畅，促进政府信息开放。数字政府和电子政务，是智慧城市的初级阶段，也是目前绝大多数所谓“智慧城市”建设所处的阶段。

智能化是指事物在网络、大数据、物联网和人工智能等技术的支持下，具备自适应、自校正、自协调等能力。智能化的基本逻辑是采集事物运行数据，对其历史规律进行建模，通过计算预测和监测对比，反向指导或控制事物运行。

智能化应用越来越多地出现在智慧城市建设中，但大多处于初级阶段。一方面，数据资源不足或质量不高，使人工智能无数据可用。城市有针对性地主动采集和汇聚大量的、高质量的结构化和非结构化数据，人工智能才能在更多领域发挥出更大的作用。但信息化手段的简单利用，不能改变政府原有的运行机制，不能从根本上提升政府的治理效率和城市的运营水平。另一方面，我国的智慧城市建设较晚，大部分城市的物联网建设还不够完善，技术创新人才紧缺，尤其是高级专业技术人才及了解专业技术、政府流程与企业管理的复合型人才尤为紧缺，难以实现管理信息系统与政府和城市管理、经营等方面的有机结合。

2.2 智慧城市本体解析研究

2.2.1 认知：从本体论到认识论、方法论

（1）本体论：事物是可以被认知和定义的

本体论、认识论、方法论用通俗的语言描述就像是解释“我是谁？”“我为什么存在？”“我

如何存在？”的哲学三问。对应到“智慧城市”的内涵就是“智慧城市是什么？”“智慧城市的发展规律是什么?”“智慧城市的建设有什么方法？”

本体论从哲学层面出发有两个研究方向：宏观方向是研究世界的本源；微观方向是探究事物的本质，即“是”或“存在”。这两者是相互统一的关系，后者的探索和进步在不断尝试接近前者。就像我们研究地球科学、太阳系科学、火箭发射技术、人工智能技术，正是为未来探索更多星系打下基础，因此从学科的研究价值来说，后者的研究更有现实意义。

“本体论”这个词是由德国哲学家戈科列尼乌斯于 17 世纪最先使用的，特指探究世界的本源或基质的哲学理论。但是，最早探究世界本源的哲学观点可以追溯到古希腊。

虽然希腊哲学家对本体的认识充满了各种理性的想象，但是进入文艺复兴后的人类对自然界的理解明显加快。最典型的代表当属笛卡尔，他是二元论者及理性主义者，西方哲学的奠基人。二元论认为世界的本源是意识和物质，物质可以被意识认知，但是意识永远是意识，只是为人类所用，而且人对一件事物的认识不可能是永恒不变的，是随时间的变化而不断变化的。正因为有以笛卡尔为代表的唯物主义哲学家、科学家们永不止步地研究、实验、总结、探索，所以创造了辉煌的自然科学和社会科学知识体系，这些基于对事物本体认知基础上的发展，使农业经济大发展，继而推动了数字经济的到来，可见哲学思想对于社会进步、经济发展的巨大推动作用。

（2）认识论：可以根据事物本质找到事物的发展规律

任何一种认识论思想都是建立在相应的本体论基础之上的，“epistemology”是 episteme（知识、认识）加上一个 -logy（某学科）组成的：episteme 的 epi- 意为 over，即可“在……上面”；steme 来自动词 istamai，也就是 stand。所以 episteme（overstand）就是稳稳地立在上面，有“高屋建瓴”的含义，表示非常有把握的、体系化的知识。最早提出认识论的是赫拉克利特，他有一句名言，“人不能两次走进同一条河流”。这种辩证思想对我们当前的智慧城市建设非常有意义。城市的发展是一个持续的过程，我们建设智慧城市既要看到城市的未来发展方向，又要遵循其发展规律，按照城市所处的阶段给出可持续发展的演进式顶层设计。

（3）方法论：可以按照发展规律找到不断优化的方法

从广义上来说，方法论就是关于人们认识世界、改造世界的方法的理论；从狭义上来说，相对于本体论与认识论，方法论是一组具有一致性的规则与程序。

笛卡尔在《方法论》一书中指出，研究问题的方法分为 4 个步骤：首先，永远不接受任何自己不清楚的真理，即尽量避免鲁莽和偏见，必须非常清楚和确定自己的判断。只要没有经过自己切身体会的问题，不管有什么权威的结论，都可以怀疑。这就是著名的“怀疑一切”理论。

其次，可以将要研究的复杂问题尽量分解为多个比较简单的小问题，化繁为简。再次，将这些小问题从简单到复杂排列，先从容易解决的问题着手。最后，解决所有问题后，再综合起来检验，验证是否完全、彻底地解决了所有问题。

如果说本体论、认识论属于科学范畴，那么方法论就属于技术范畴；如果将本体论、认识论放在世界观里，那么方法论就是以解决问题为目的的理论体系或系统。

因此，本体论回答了“是什么”的问题，认识论回答了“怎么样”的问题，方法论回答了“如何做”的问题。纵观人类文明史，无不是在围绕这三者进行循环往复的螺旋上升，这种螺旋上升的关系推动了人类文明的进步。

2.2.2 智慧城市本体研究的意义

术语是“在特定专业领域中一般概念的词语指称”，概念是“通过对特征的独特组合而形成的知识单元”，定义是“一种具有精确性和系统性的概念陈述”[1]。由此来看，定义更具有本体的特点。

如果套用这套修辞，可以提出以下 3 个问题：“智慧城市本体的本质是什么？”“智慧城市为什么存在？”“智慧城市如何存在与发展？”我们首先要洞悉智慧城市本体的本质是什么，然后才能了解它的存在的规律，即为什么存在，继而才能接近客观地分析其如何存在与发展。这是智慧城市本体研究的哲学意义，也是现实意义。

按照美国斯坦福大学知名学者格鲁伯提出的观点：本体是关于某个实体概念体系的明确规范的说明，核心在于定义某一领域或领域内专业词汇以及它们之间的关系。这一系列的基本概念如同构成一座大厦的基石，为各方提供了一个统一的认识基础。在这一系列概念的支持下，知识的搜索、积累和共享的效率将被大幅提高，真正意义上的知识共用和共享也成为可能。按照本体论领域学者的观点，本体可以分为领域、通用、应用和表示 4 种类型：领域本体包含特定类型领域（例如，电子、机械、医药、教学）等的相关知识，或者是某个学科、某门课程中的相关知识；通用本体则覆盖了若干个领域，通常也称为核心本体；应用本体包含特定领域建模所需的全部知识；表示本体不只局限于某个特定的领域，还提供了用于描述事物的实体，例如“框架本体”定义了框架、分支的概念。可见，本体论的建立具有一定的层次性，就教学领域而言，如果说某门课程中的概念、术语及其关系被视作特定的应用本体，那么所有课程中共

1 安小米，魏玮，闵京华 . ISO、IEC 和 ITU-T 智慧城市定义分析（英文）[J]. 中国科技术语，2021，23（4）:65-79.

同的概念和特征则具有一定的通用性。

自 2009 年开始，我国智慧城市建设投资规模逐年增长，智慧城市已经成为我国典型的新型基础设施。与此同时，智慧城市的建设也面临很多问题与挑战。首先是本体不清晰，“智慧”（Smart）是形容词，很难界定其本体概念，当前国内外标准组织与学术界、商业界对智慧城市的定义不同，智慧城市建设的本体论如果不清晰，则由此产生的认识论与方法论将会走向混乱。而当前对智慧城市的建设侧重于对数字技术的线性应用，忽略了系统的复杂性、非线性问题。

智慧城市本体的研究意义在于真正了解它的本质，对于一个来自实践的理念和名词来说，一个不断发展的本体，不是自然界的物品，不能通过数学、物理、化学等自然科学完全解构，它是一个社会科学概念，那么，我们要做的就是赋予其内涵，赋予其价值。因此从这一角度来说，智慧城市本体是一个不断发展完善的领域。

2.3 智慧城市本体建模

2.3.1 智慧城市本体的特点

（1）强调建设智慧城市的演进特点

罗马不是一天建成的，城市的发展是一个循序渐进的过程。城市是从农业经济时代发展而来的，农业生产力的提升带来了剩余的农产品，也出现了商品交易，商品交易场所的规模扩大、手工业的出现，带来了财富的集中和城市配套设施的形成，随之而来的是城市的形成：“城”泛指城墙、政府建筑、商业建筑、居民建筑；“市”为市集。进入工业经济时代，随着交通设施和交通工具的发展，城市也出现了“卫星城”现象，即工业、商业向城市核心区集中，居住区向四周城镇散布，煤炭的大量使用也带来了严重的环境污染。随着城市环境保护的受重视程度越来越高，工厂开始从市区向郊区迁移，建筑和工业技术逐渐进步，城市摩天大楼越来越多，居民楼也比早期工业经济时代能容纳更多的市民，城市出现了交通出行的“潮汐”现象，城市拥堵现象越来越明显。随着地铁、轻轨在大城市的普及，城市规模快速扩张，出现了日本东京，印尼雅加达，中国北京、上海这些超大型城市。

随着数字经济时代的到来，城市尤其是国际大都市和省会城市，承载了区域的商业、行政、会议等功能，优质资源的集中、人口的集中、知识的集中、金融的集中都加速了城市的经济力提升，在工业经济发展的基础上，有些城市抓住了数字经济的机遇窗口，我国出现了一线、二线、三线、四线城市分层现象，且这种分层现象逐渐分化。我国19个一线城市掌握了50%以上的教育、经济、医疗、金融、商业优质资源，贡献了30%的GDP和财政收入，常住人口和流动人口占全国总人口的30%以上。

到了数字经济时代，为了解决“大城市病”的问题，城市规划注重与数字技术的结合，提出了数字城市、智慧城市、人工智能城市的观点，但是到目前为止还都处在探索阶段，还不够成熟。因此，智慧城市的演进是一个长期的过程，是一个不断在城市空间系统、社会系统、数字系统延伸的过程。只有遵循社会科学的发展规律，采用长期演进的理念，认识到城市发展的社会科学、数字科学和城市科学多学科交叉的特点，才能让城市走向更美好的未来。

（2）强调智慧城市的平台整合统一性

我们把智慧城市分为空间系统、数字系统和社会系统3个子系统，但是这3个子系统不会自动地“缝合”在一起，而是需要一个面向未来的城市管理载体，这个载体就是城市大脑。

空间系统涉及城市从发展定位到规划、设计、开发、建设、招商、基础设施等环节的不断完善，城市空间系统涉及城市的地下空间、地面空间和地上空间。

地下空间分布着城市的各种管线，例如电力、天然气、自来水、有线电视、通信光缆、轨道交通、地下隧道快速路、雨水排水管道、污水管道等。随着城市的发展，这些设施大部分从地上转移到地下，虽然改善了城市面貌，但也带来了“马路拉链”的问题，不同的管线有不同的管理部门，而城市的这些管线需要高度协同才能顺畅运行。近些年，各大城市也在尝试“综合管廊”“地下管线地理信息系统”建设，但是我们的目光应该更长远一些，例如雄安新区在规划初期就已经考虑到地下空间的问题。

地面空间与城市的产业布局、人口密度、交通子系统、水系子系统、城市公共建筑设施有很大的关联，未来，城市的地面空间将回归自然，建设地下交通和城市上空交通设施，从而降低建筑物的层高。

地上空间主要是城市建筑上的空间，主要体现在城市高架桥等交通设施，随着城市的扩张，这些高架桥也带来了城市风道问题、噪声污染问题。而成熟建筑的天面资源一直是闲置的，人们受困于拥堵的交通，无法正常开发城市的上层空间，而城市上层空间的开发需要依赖智能飞行设施等的进一步发展。

（3）强调以社会空间的需求层次为主线

城市发展的最终目的是为市民服务，而产业发展的最终目的是服务于城市的建设和市民的需求，城市建设的最终目的也是服务于市民的需求，因此我们必须强调建设“以人为本”的新型智慧城市。未来 50 年，城市将生活着 80% 的人口，人们的大部分事业都围绕让城市可持续发展而展开，这个可持续是人的需求得到可持续满足，是人、城市、自然、数字空间、社会融合的可持续，其中，“人”对应着需求层次，因为人是有生命周期的，个人的成长是一个从弱到强的过程，而这个成长需要城市的支撑；“城市”对应着城市物理系统，为市民提供每日的生活基础；“自然”是城市不能也绝对不会止步于水泥钢铁的“森林”，而是与大自然融为一体；我们通过数字空间操作减少城市的物理消耗，从而提升物理设施的效率。

2.3.2 智慧城市本体的建模

系统建模是指将一个实际系统的结构、功能、输入—输出关系用数学模型、逻辑模型等描述出来，用对模型的研究来反映对实际系统的研究。建模过程既需要理论方法，又需要经验知识，还要有真实的统计数据和相关资料。

（1）国际三大标准化组织对智慧城市本体的建模

与城市领域相关的国际三大标准化组织是指 IEC（国际电工委员会）、ISO（国际标准化组织）、ITU-T（国际电信联盟电信标准化部门），当前国内的专家也在广泛参与这三大标准化组织的活动，智慧城市领域的很多标准是国内外同步开展的。

2021 年 3 月 19 日，由我国专家牵头制定的国际标准 IEC SRD 63235:2021 Smart city system - Methodology for concepts building（《智慧城市系统——概念构建方法论》）正式发布。

IEC SRD 63235:2021 为智慧城市系统的概念构建提供了一套综合集成方法体系，包括视角、方法论框架、原则、过程、规则和评价准则等。该标准为 IEC 60050-831 ED1 International Electrotechnical Vocabulary（IEV）- Part 831:Smart city systems（《国际电工术语——第 831 部分：智慧城市系统》）的制定提供了方法论基础，并为其未来持续改进提供了术语标准化工作依据，为融合、协同、关联 IEC、ISO 和 ITU 等国际标准化组织相关术语资源提供了术语和概念一致性检查的方法体系。该标准从多利益相关方的合作视角认识智慧城市系统复杂性概念特征，对建立智慧城市全球命运共同体共识，促进智慧城市系统通用术语和概念在全球智慧城市标准产品中使用连贯与一致，跨领域、跨层级、跨系统、跨生命期、跨场景和跨用例互联互通和互信互认，支持智慧城市系统可持续发展具有重要意义。

IEC 智慧城市的建模示意如图 2-1 所示。

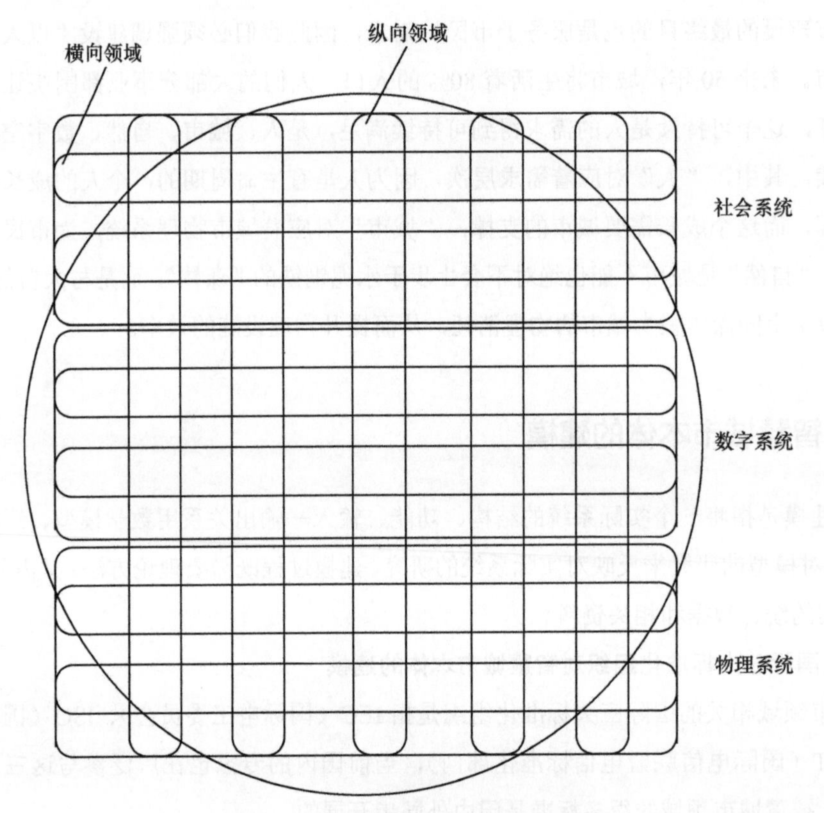

图 2-1　IEC 智慧城市的建模示意

ISO 将智慧城市定义为，在已建环境中对物理系统、数字系统和人类系统进行有效整合，从而为市民提供一个可持续的、繁荣的、包容性的未来。从国际标准的角度来看，IEC 与 ISO 都提出了物理系统、数字系统与人类系统的三大方向，提出要对三者进行有效整合。ISO 提出在已经建设的城市环境中加以整合改造，这个方向是有局限性的，很多城市有新开发区，这些区域至今对怎么建设智慧城市仍然是“一头雾水”或者照搬照抄。另外，ISO 的智慧城市定义对于以什么（是城市管理指挥中心、城市大脑，还是城市大数据中心等）作为载体进行整合也没有给出明确的标准。

IUT-T 强调可持续发展，将智慧可持续发展城市定义为，使用信息通信技术和其他手段来提高生活质量、提高城市运营和服务效率，以及城市竞争力，同时确保满足当代和后代的经济、社会、环境和文化方面需求的一种创新型城市。

对于智慧城市要达到的目标，各大国际标准化组织都提到了可持续发展。那么，什么是可持续发展？世界环境与发展委员会在《我们共同的未来》中这样定义可持续发展："既满足当代人的需求，又不对后代人满足自身需求的能力构成危害的发展。"依据可持续发展的定义和内容，城市可持续发展是指在一定的时空尺度上，以长期持续的城市增长及其结构进化，实现高度发展的城市化和现代化，从而既满足当代城市发展的现实需要，又满足未来城市的发展需要[1]。

数字经济时代将人、事、物带进数字空间，数字空间具有以光的速度传递的特性，这大幅提升了生产和生活的效率，未来，随着人口老龄化、社会成本的提高，城市迫切需要转变以劳动力为基础的发展方式，转变成以数字智能、人工智能为核心的发展模式。

总之，国际标准化组织对智慧城市的建模还带有工业经济思维的模式，而真正的数字经济时代思维是将数字经济基础设施、数据要素纳入新的生产方式、生活方式、管理方式，从而实现质的变化。

（2）国家推荐性标准对智慧城市本体的建模

GB/T 37043—2018《智慧城市术语》于 2018 年发布并实施，该标准对智慧城市的定义是，运用信息通信技术，有效整合各类城市管理系统，实现城市各系统间信息资源共享和业务协同，推动城市管理和服务智慧化，提升城市运行管理和公共服务水平，提高城市居民的幸福感和满意度，实现可持续发展的一种创新型城市。智慧城市 IT 4 层平台架构模型如图 2-2 所示。

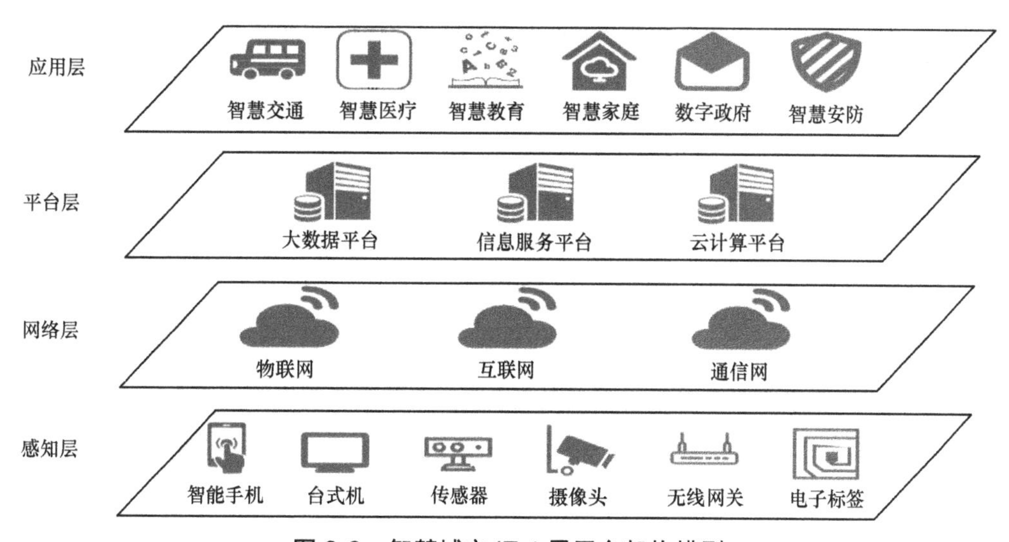

图 2-2 智慧城市 IT 4 层平台架构模型

1 蒋敏元，陈继红 . 城市化与城市的可持续发展［J］. 东北林业大学学报，2003，31（2）:52-53.

2.3.3 智慧城市本体的内涵

依照ISO的定义，智慧城市的工作首先是建设一个城市，但不一定是在“已建环境”，也可能是在新城市、城市新开发区（例如，河北省的雄安新区、广东省深圳市的深汕合作区）重新规划、建设一座新城；其次是对物理系统、数字系统和人类系统三大系统的整合，至于整合的载体是什么，如何整合，本体术语并没有给出答案，本节认为这个载体是城市大脑；再次是服务对象，ISO中提到是为市民提供服务，此处的市民应包含常住人口和流动人口，如果仅有常住人口是不完整的，此处服务对象并没有提到企业，实际上是合理的。各类企业，无论是制造业企业还是服务业企业，最终都是为市民提供服务的，各类企业生产的产品和提供的服务，实际上都是在为人类自身服务；智慧城市的最终目标是提供一个持续、繁荣、包容性的未来。

因此，基于以上对国内外学者的研究成果的综合分析以及国内外智慧城市政策制定的导向和商业企业领域的实践总结，本节认为智慧城市的定义是：**智慧城市是在城市的全生命周期的管理或自治过程中，通过城市大脑整合城市空间系统、城市数字系统和城市社会系统，并以市民的需求层次为主线，实现城市从数字经济、智能经济长期演进的可持续发展。**

第 3 章

智慧城市 3.0：认识论

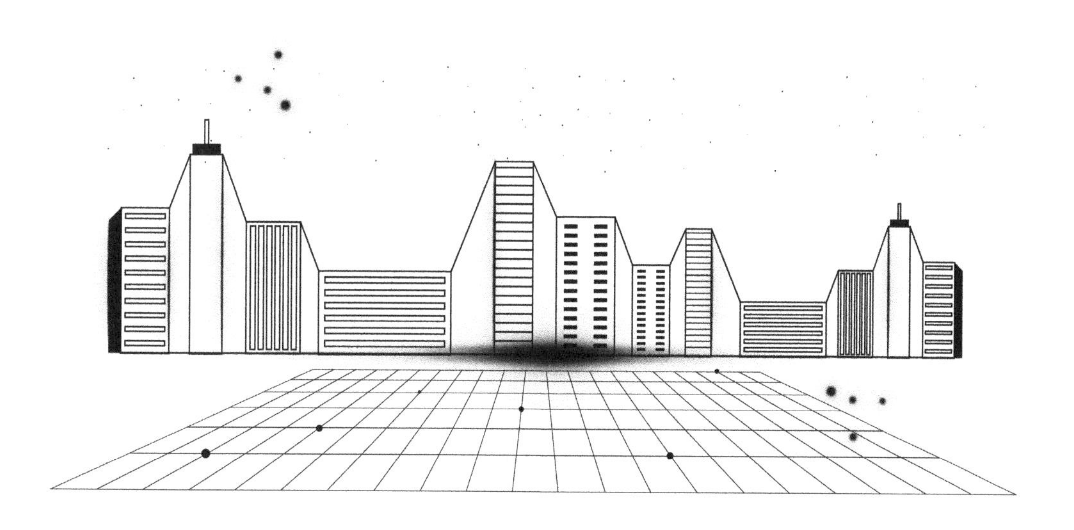

3.1 智慧城市发展总体演进规律

3.1.1 当前学术界对智慧城市规律的认知

自 2008 年智慧地球的概念被提出，2009 年智慧城市被引入我国开始，国内外学术界一直在一边实践一边总结智慧城市的发展规律。本章将学术界分为院校研究人员、企事业研究机构与研究人员、政府研究机构与研究人员。不同方面的研究人员所处的学术视角不同，对智慧城市发展规律的认知也不尽相同，整合分析他们的研究成果，有利于从更宏观的层面整合、总结智慧城市的发展规律，从而形成智慧城市的认识论。

（1）生命体视角

从 ICT 延伸到城市生命体。城市可视作有生命的机体，例如，华为提出的“城市智能生命体”，该方案以“智能体”作为技术总体架构，面向不同的应用场景，集成合作伙伴能力，让城市焕发出新的生命力。通过“感、传、知、用”全要素覆盖，实现全面的城市规划设计、城市感知、网络传输、数据分析与处理、业务应用、运营管理的全链条商业闭环。随着智慧城市建设迈入深水区，只有建立有效的数据联接，让智慧城市运营管理从能用到会用、好用、爱用，构建开放共赢、本地优先的生态体系，才能助力当地经济的发展，共建城市生命体，共创美好的城市生活。

从空间规划理论延伸到城市生命体。深圳市规划自然发展研究中心、自然资源部城市土地资源监测与仿真重点实验室引入生命科学、生物学等学科思想、理论和方法，借鉴城市有机体、城市新陈代谢、城市生态学等相关领域的研究经验，构建城市生命体的理论体系：首先，从生命和城市的定义出发，对比分析了生命与城市在系统特征、生命特征等方面的一致性或相似性，给出城市生命体的定义；其次，剖析了城市生命体的系统结构和功能；最后，界定了城市生命体的五大基本生命特征，即新陈代谢、自适应、应激性、生长发育和遗传变异[1]。

从建筑人文理论延伸到城市生命体。中国科学院建筑历史学家、建筑教育家和建筑师梁思成先生说过：“城市是一门科学，它像人体一样有经络、脉搏、肌理，如果你不科学对待它，它会生病的。”梁先生从事的是建筑史研究，从城市建筑的角度推而广之提出了这个观点，那个年代我国还没有对数字技术、信息化的认知，梁先生对城市建筑的认知也主要是围绕对古建筑的人文特色和文化内涵的研究，从本章的角度来说，即城市地面空间历史建筑的保留和文化

1 姜仁荣，刘成明．城市生命体的概念和理论研究 [J]. 现代城市研究，2015（4）:112-117.

构建问题。

从心理学的人格理论延伸到城市生命体。有学者用城市生命体理论将城市与生命体相联系，在此基础上借用人格心理学的理论，讨论城市的人格结构，论证了城市人格的存在，划分了城市人格结构体系，分析了城市人格结构体系的作用机制，探讨了城市人格结构对于城市发展与城市规划、人工智能规划的相关性，对城市生命体理论体系进行了补充，为城市规划理论的发展提供了全新的视角[1]。

（2）社会发展演进视角

随着物联网连接范围的拓展，智慧的生产生活方式将不仅在城市，还将在农村农业现代化发展中起到积极作用，智慧城市要向智慧社会演进[2]。这个观点与我国“十四五”规划数字中国战略趋同，但是从范围来说，还是要框定城市这个研究对象的范畴。城市承担着经济的载体功能，产业发展是城市进步的核心动力，围绕核心城区形成农业经济、工业经济、数字经济等产业比较齐备的城市的发展优势较为明显，例如，深圳、上海、北京、苏州、南京等，其城市的发展是按照技术经济演进规律呈现的，也有城市数字经济发展比较好，但是工业经济占比较低的，例如，杭州等互联网经济发展较好的城市，这类城市承担了区域互补的角色。

（3）政策制定的视角

从公开数据来看，2013—2018 年各地市的智慧城市开标项目年均增长率达到 45% 以上，其中华东、华中南、华北地区的智慧城市项目数占比高达 70%，是智慧城市建设的集中区域[2]，特别是南京、上海、广州、深圳、宁波、杭州、无锡、重庆、武汉、北京等地投入了大量的资金、人力、物力开展智慧城市建设。智慧城市是数字基建的重点领域，智慧城市顶层设计是智慧城市推进的前提，截至 2020 年 12 月，已有 900 余个城市开展智慧城市试点工作，我国已经成为世界上最大的“智慧城市”实施国。

3.1.2 学术界智慧城市规律认知中出现的问题

（1）对城市的本质认识不足

城市是人类在农业经济中后期的必然产物，从以市场交易为主，逐步兼顾生活、政治、商业、

1 史卜凡，曹珊．城市生命体视角下的城市人格结构探究 [C]. 活力城乡 美好人居——2019 中国城市规划年会论文集（04 城市规划历史与理论），2019，98-104.

2 蒋震，周婷．从智慧城市到智慧社会的路径研究 [J]. 通信企业管理，2019（7）:65-67.

金融、体育、交通、医疗、安全、文化等各个层面的功能，但最核心的还是以“人”为中心的生活和企业发展的载体，但是我们过去的智慧城市顶层设计过多地强调城市的功能需求，忽视“人”的诉求。人的诉求即人的需求，对应到城市的发展上来说，从最基本到高层次的需求为：城市安全的需求、城市治理的需求、城市服务的需求、城市发展的需求、城市智能的需求。发展是循序渐进的，如果不能抽丝剥茧出核心要素，则难以推动城市的健康发展。

（2）对为什么建设智慧城市认知不足

智慧城市的本质是通过物联网措施提高城市的运转效率，从本质来说属于城市治理层面的技术框架，属于系统集成范畴，但是近年来智慧城市的发展基本上是在做信息化，包括数字政务、行业管理信息化，涉及物联网的很少。关键是对于为什么做，即对于城市的本质认识不足。

（3）对智慧城市的呈现载体认识不足

当前，绝大部分智慧城市建设实际开展的是数字政务工作，边进行行业信息化，边进行横向整合以及业务协同；一些新城新开发区则吸收经验，先集约打造云计算中心、运营中心、大数据平台等基础设施和共性能力，再开发建设行业应用系统；还有一些侧重于通过打造智慧城市指挥中心，通过大屏呈现城市的主要数据全貌，实际上这些数据都是后台输入或者半同步的模式。我们需要思考，智慧城市的载体究竟是什么。

（4）智慧城市的实质推进与地方立法工作没有同步

智慧城市的建设需要协调各方利益，需要有法治保障措施，2020 年 4 月初，根据杭州市人民代表大会 2020 年度立法计划，杭州市司法局组织起草了《杭州城市大脑数字赋能城市治理促进条例（草案）》，于 2021 年 3 月 1 日起施行。其中，涉及公共安全、交通安全的措施得到了贯彻。杭州市通过立法推进城市大脑建设是国内智慧城市领域的一次典型变革，也是未来智慧城市的发展趋势。

3.1.3 智慧城市的发展方向

（1）时间轴主线

从地球文明来说，时间轴线上的演进包括自然界的演进和社会的演进：自然界的生物演进发展遵循了达尔文《物种起源》中的理论，通过进化论基本可以预判自然环境的变化及其他自然生物带给人类的影响；在社会发展领域，社会演进目前基本是遵循采集经济、渔猎经济、农业经济、工业经济、数字经济、智能经济的演进规律。城市从农业经济开始出现，必将经过工业经济的城市、数字经济化的城市、智能经济下的城市这样一个演进路径，随着制造业的进步，工厂逐步从核心城区搬离，建立了产业聚集区、工业园区等更加专业化的工业经济区域，发达国家通过这种方式实现了传统意义上的工业化，而我国也是如此。无论城市发展阶段如何，从时间轴线上看，智慧城市的建设都将经历工业经济、数字经济、智能经济三大阶段，这三大阶段可以融合发展，但是主线基本不变。

（2）技术轴主线

目前，智慧城市的建设已经不再是工业思维的范畴，而是通过数字化、互联网 / 物联网和数字孪生实现城市的数字经济发展路线，其中也包括通过数字经济措施继续对工业进行转型升级。目前，智慧城市的建设恰恰是通过互联网 / 物联网技术向前推进的，但是总体来看还需要瞄准数字孪生这个方向，明确了方向才能事半功倍。每个城市有其发展的自然禀赋、历史禀赋和经济基础，所处的发展阶段不同，从机械化、电气化、电子化、数字化、联网化（含互联网 / 物联网）、数字孪生、专用人工智能、通用人工智能到超级人工智能，这条发展主线始终在潜移默化地起着作用。

（3）物理载体主线

众所周知，任何社会事业的推进都需要有一个协同推进的载体，智慧城市也不例外。智慧城市从以早期的规划设计、咨询方案为主到落地实施，正是不断寻找载体的过程，没有载体则无法展示，无法显性化。当前，显性化方案是通过智慧城市指挥中心、大屏显示系统等方式呈现的，但是这些还没有真正使智慧城市显性化。

3.2 智慧城市建设的社会系统演进规律

3.2.1 城市社会系统的特点

（1）城市社会系统是“生态系统”

社会系统引入了自然界的“生态系统”概念，表现出既相互依赖又相互制约的特点，因此，首先要明确社会系统、城市社会系统、城市社会生态系统的区别，城市社会生态系统主要是指在城市社会环境中人与人之间的关系[1]。目前，学术界对城市社会系统的观点大部分是将其视为“生态”课题进行研究的，通过不同规模层次、不同主体内容的分析，根据查尔斯·H·扎斯特罗等学者的观点，城市社会生态系统可以分为微观、中观和宏观 3 种基本类型[2]：微观系统指个人；中观系统指家庭、职业群体等小规模的社会群体；宏观系统指组织、社区。在社会生态系统理论中，人类所处的环境不仅仅是生物性系统，也是社会性系统，是生物性与社会性相结合的生态系统，这一生态系统在解释人类各种行为习惯发展方面发挥着极其重要的作用。

通过对现有智慧城市的文献检索情况可以发现，源自学术界的文献比较关注智慧城市的定义、特征和原理等，源自政府的文献比较关注智慧城市的评价指标、评定和政府治理等，而源自 ICT 等相关企业的文献则比较关注智慧城市的技术架构和实现方式等[3]。

（2）城市社会系统是开放的复杂巨系统

城市空间系统与城市社会系统的建设环节需要调整人与自然的关系，这种系统之间的关系是通过城市规划来完成的，城市社会生态系统是人类社会群体与生存环境的有机结合，是自然界和人类社会长期共同发展的产物，是自然生态系统进化的必然产物和最高形态，是一个开放的复杂巨系统[4]。

（3）城市社会系统是可仿真巨系统

随着人工智能和计算理论的发展，基于智能体的社会仿真研究不断兴起，但是总体来说，没有站在统一的智慧城市系统载体上考虑，如果对城市的每一项公共事件都建立一套仿真系统，则整个城市基于社会生态系统的仿真难度和成本都会非常大。

3.2.2 城市中自然人的利益诉求

智慧城市的建设通常是定位在城市管理的信息化上的，我们发现，无论是智慧城市的建设理念、信息化顶层设计，云计算、大数据、物联网、5G、区块链等各种新技术的应用本质上首先要服务于城市的生存，以此为载体应用于产业的发展、城市设施的建设。智慧城市的建设出

1 郑卫，范凌云，郑立琼 . 城市社会生态系统与社区规划 [J]. 规划师，2012，28（12）:20-23.

2 查尔斯·H·扎斯特罗，卡伦·K·科斯特 - 阿什曼 . 人类行为与社会环境（第六版）[M]. 北京：中国人民大学出版社，2006.

3 楚金华 . 基于利益相关者视角的智慧城市建设价值创造模式研究 [J]. 当代经济管理，2017，39（6）:55-63.

4 龙晔，何华，丁康乐 . 城市社会生态系统空间规划初探 [J]. 规划师，2012，28（12）:15-19.

发点与落脚点是人的满意度，也就是满足人的需求，城市中作为法人形式存在的企业管理者和员工共同体依然是城市中的市民；而城市管理机构的工作人员本身也是城市的市民。因此，智慧城市以城市大脑为载体，以社会系统、物理系统和数字系统为主要维度，以“人”的需求为核心，从而建设一个可持续发展的城市。

（1）基于改进马斯洛需求层次理论的城市建设需求层次理论

马斯洛需求层次理论由亚伯拉罕•马斯洛于 1943 年提出，其基本内容是将人的需求从低到高依次分为生理需求、安全需求、社交需求、尊重需求和自我实现需求，为心理学研究、企业人力资源管理提供了理论支持。城市是人们生活的载体和活动的集合，城市首先要解决市民的生存问题，例如大规模传染病、雨季洪水、城市较大内涝、地震、台风、食品安全、饮用水安全、空气化学污染等，每一次人为或者自然灾害来临之前，我们都要先保障城市的生存——市民人身安全、市民财产安全和公共设施安全。其次是关注城市的清洁卫生、社会治安、生活便捷、城市噪声污染、雾霾治理等诉求；再次是满足市民的社交需求，例如各类社区的交往活动、公共文体活动、论坛与展会等社交需求；然后是被尊重的需求，城市建设的各方参与者都能平等地获取信息、充分表达利益诉求和民意、社会公平正义、机会均等；最后是自我实现的需求，提供各种渠道给城市参与者实现自我价值，达到城市的管理者、市民、企业的发展与城市的发展相得益彰。

（2）智慧城市建设的需求层次理论

智慧城市建设的需求层次理论属于城市建设的需求层次理论的子集，因此也应该分为五大层次。改进的马斯洛需求层次理论模型与智慧城市需求层次理论模型如图 3-1 所示。

智慧城市顶层设计的三维模型如图 3-2 所示。

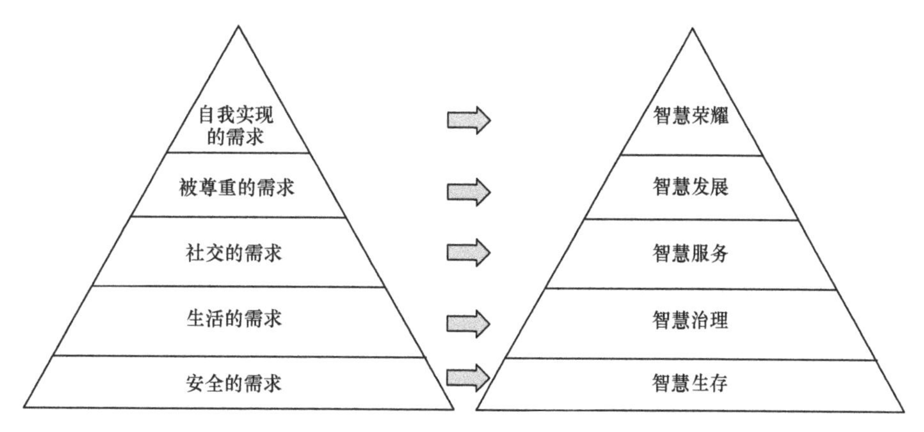

图 3-1　改进的马斯洛需求层次理论模型与智慧城市需求层次理论模型

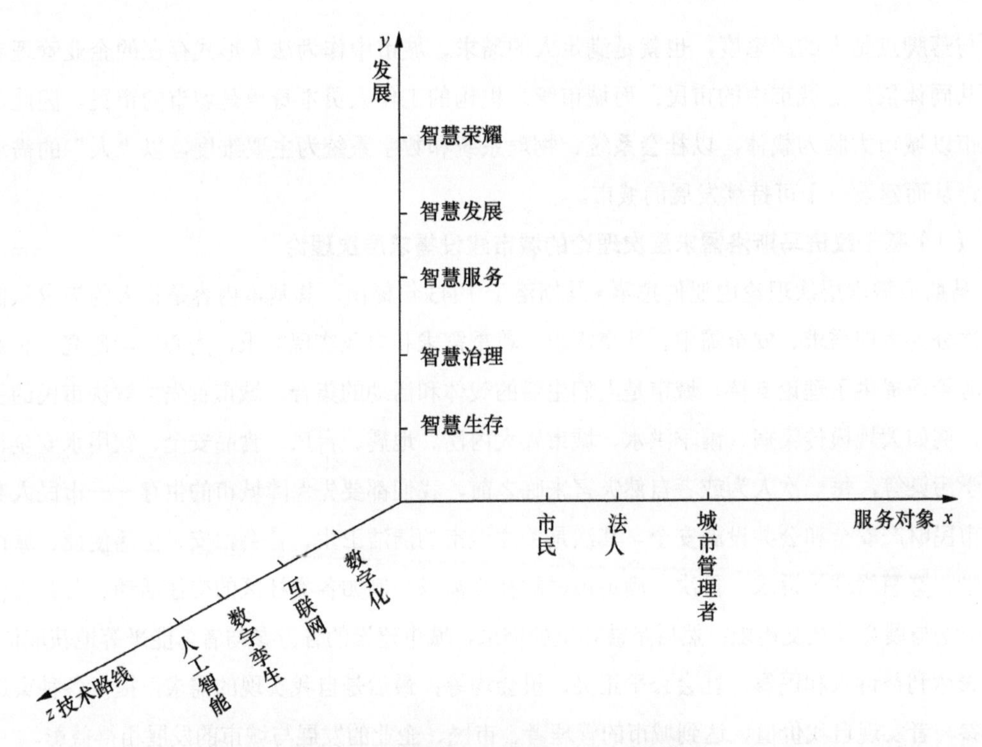

图 3-2　智慧城市顶层设计的三维模型

3.2.3　城市管理者的利益诉求

从智慧城市发展研究中心的分析来看，智慧城市已经从过去体现行业信息化、电子政务的概念，转变为重横向融合、跨部门、跨地域的能力提升。新型智慧城市本身是一个系统性工程，其核心是跨层级、跨地域、跨系统、跨部门、跨业务的协同。要做到协同并没有那么简单，需要真正地改变流程模式，改革体制机制。投、建、运一体化是目前智慧城市运营模式发展的主流方向；价值生态构建是智慧城市长效运营发展的主流趋势；运营机制创新是智慧城市长效运营成功的关键因素；专业运营是智慧城市长效运营成效提升的基本保障；数据运营是智慧城市价值释放的核心焦点；用户运营是智慧城市价值实现的关键内容。因此，政府购买服务、政府和社会资本合作、政府平台公司运营、联合公司运营等是当前智慧城市建设运营的主流模式。

3.3 智慧城市建设的城市空间演进规律

3.3.1 城市空间问题

由于城市道路拥堵、环境污染、噪声及“马路拉链”等问题的存在，人们对城市环境改善的呼声越来越高。城市发展模式、城市基础设施模式在一定程度上违背了人与自然和谐发展的规律，而城市空间发展趋势是向地下空间、地面空间和地上空间拓展；未来发展趋势是城市基础设施尽量向地下空间发展，包括交通设施、电力、通信、燃气、自来水和蓄水排水等；优化地面自然空间，城市建筑、花园植被、市民活动空间、渗透型道路、建筑活动工业化和城市工厂搬迁至郊区（未来工厂将大规模采用机器人作业）；优化地上空间，设计城市风道、无人机交通航线和无人飞行车交通航线。随着综合管廊技术、海绵城市技术和无人驾驶技术的发展，城市地下交通的比重会越来越大，由此带来的城市地下基础设施的比重也会越来越大。

3.3.2 未来城市的发展趋势

（1）第一层空间：地下空间的设想

未来，城市住宅小区、写字楼的车库和地下道路直接相连，无人驾驶电动汽车直接停在车库，人们计划出行时只需要预订即可，或预订一个固定时间段出行，车辆会在地下直接到达目的地。地铁旁边可以建设地下车库，让地铁、高铁车站和机场与地下无人驾驶车辆无缝对接。没有交叉路口、没有红绿灯，无人驾驶车辆行驶的路线可以自动联网，从而解决城市道路拥堵的问题。各种管道资源可以与地下道路同步建设，从而逐步消除“马路拉链”问题。

（2）第二层空间：地面空间的设想

随着道路转入地下，地面就不需要那么宽的马路了，人们只需要自行车道、散步道路、运动道路，节省下来的区域可以建设更多的楼宇，这样城市就不需要建设摩天大楼，地面可以建设更多的公园、花园、绿道、自行车道和运动道路；地面的水泥、柏油还可以二次利用进入地下，地面空间通过类似地铁式的入口可以让人们进入地下站台。城市盖满了高楼大厦、地面机动车道路占了很多城市空间，导致人们的户外活动公共空间有限。随着这些挤占地面空间的交通设施转入地下，未来地面会有更多的运动场地。

（3）第三层空间：地上空间的设想

未来的建筑或许需要重新利用好楼顶，现在城市的写字楼、大型医院的楼顶有些有停机坪。随着飞行汽车从理想进入现实，未来能够直接停在楼顶；城市需要紧急支援的车辆（例如，急救车、消防车和警车）未来可能采取飞行汽车的形式。物流快递可以通过微型无人机直接投递到楼顶，楼顶装有快递功能的云柜，由小型机器人送到云柜中，收件人收到提示信息后可以直接到楼顶取快递。

3.4　智慧城市建设的数字空间演进规律

3.4.1　技术经济的演进

20 世纪 90 年代是工业经济向数字经济交叉过渡的时代，过渡带来了行业的巨变。21 世纪以来，随着数字技术、通信技术、信息技术、计算机技术和互联网产业的发展，不同技术在不同行业加速跨界融合，带来了丰富多彩的新概念、新理念。

我们把人类历史按照技术经济的演进过程划分为采集经济、渔猎经济、农业经济、工业经济、数字经济、智能经济和星际经济七大阶段。每个发展阶段又各有子阶段，即主流的技术形态。

每个阶段都是科技进步与行业发展互相促进的结果，科技越发展，衍生的行业越多、社会分工越细化，人类的物质文明和精神文明积累越来越丰富。每个阶段的发展在为下一个阶段奠定基础的同时，又为之前的行业存在形式提供了提高生产力的工具。在这种互相促进的过程中，每个阶段的演进周期相对于上一个阶段大幅缩短，例如，工业经济为农业经济提供了机械化工具，实现了农业机械化；数字经济为工业经济提供了数控设备、工业互联网和工业制造信息系统；智能经济为工业经济提供了智能制造、工业机器人和无人工厂，为数字经济提供了智能检索、神经网络工具和软件自动化开发。智能经济形态是数字经济之后的新经济形态，它建立在数字化、互联网化、信息化的基础上：首先，基于算法、算力和数据三大基础技术开展机器学习；其次，通过计算机软件、智能硬件和仿生机器人等形式，使机器具备听、说、读、写、触觉、思考和行为等思想与判断，具备一定的行动能力；最后，在专用领域或通用领域实现代替人的体力劳动或脑力劳动。当前，我们看到的人工智能是以科学理论形态逐步演化为技术的，因此，我们把这种演进称为“科技与经济演进的关系”，即“The Relationship of Science and Technology and Economic Evolution”，缩写为“ROSE”，它本身是一个分析模型，这种演进规律可称为技术经济演进论。

在采集经济时代和渔猎经济时代，人们主要向大自然索取，土地和土地上的植被和野生动物是人们赖以生存的基础，土地成为根本的生产要素，旧石器、新石器、钻木取火、狩猎技术、捕鱼技术、搭建原始房屋的方法等也是最早的技术，技术其实是人类劳动经验的总结。随着代际的传递，物质会消耗，但是技术是无形的，只要有信息的传递，技术就不会消失。技术作为生产要素在渔猎经济时代已经出现，一直到智能经济时代都将不断推动着社会的进步。

在农业经济时代，土地、劳动力、畜力和技术是主要的生产要素，人们一开始依靠人作为主要劳动力来完成生产。随着农具的发展，畜力开始作为主要的劳动资源，耕牛、马匹比人类输出的能量更大。在技术方面，农业经济时代甚至还诞生了早期的数学、天文、历法、冶炼技术，例如，每年尼罗河泛滥之后，农田都需要被重新丈量，古埃及人通过丈量土地掌握了简单的几何学知识。

在工业经济时代，土地、劳动力、资源、能源、技术、资本和企业家才能是主要的生产要素。有土地才能有厂房，劳动力和技术是工业经济时代重要的生产要素，从机械化、电气化到模拟电路，工业经济时代的大发展无一不依靠技术的进步。在工业经济时代，在同样的员工、同样的生产线和同样的环境条件下，有的企业能发展得很好，有的企业发展缓慢甚至倒闭，其中一个重要的影响因素就是企业家才能。企业家是企业战略决策的来源，企业家的知识结构、管理经验和思维方式决定了企业的发展方向和发展前景。

随着欧美传统工业经济三大阶段的完成，以及新技术发展，发达国家提出了再工业化，数字经济已渗透到社会生活、工业制造业等各个领域，数据成为人们生产和生活不可或缺的要素。于是，人们提出了工业互联网、工业大数据和工业机器人等发展方向，这些都需要依赖数据和算力作为基础。

当前，美国、德国和日本等正在大力发展以工业互联网为代表的“工业 4.0”，“工业 4.0”其实是工业经济在数字经济阶段的再次进化。

未来，中国企业的竞争力将来自人工智能技术的应用，但是由于智能经济以数字经济为发展前提，所以要在数字化程度较高的行业或企业里率先推动人工智能技术的应用。因为人工智能虽然在初期开发成本较高，但是从长远看来具有一定的优势。以工业机器人为例，其平摊到每年的成本已经与人工成本相当，而且工业机器人的成本在逐年下降，而人工成本在逐年上升，更重要的是工业机器人还能够降低人工成本、管理成本，在安全方面也更有保障。

每个经济发展阶段都不是突然出现的，都有其萌芽期、主流期和加速发展期。在渔猎经济时期，人们就已初步具备了农业经济时代的生产能力，这也是农业经济在渔猎经济时代的萌芽，即用采集来的种子种植少量的谷物，饲养捕猎获得的猎物，由此早期的家禽初具雏形。而在农业经济时代，农业工具、兵器和祭祀工具的冶炼锻造作坊、纺织作坊恰恰也是工业经济的雏形。在数字经济到来之前，人们就已经掌握了密码机、图灵机、莫尔斯密码和香农定理等数字技术的雏形知识。在智能经济到来之前，人们就已经迫不及待地发展人工智能，最典型的标志就是1956年达特茅斯会议上，科学家们提出了“人工智能”的概念。但受条件所限，人工智能呈现“三起三落”的特点。掌握这种演进式发展的特点对我国有很大的借鉴意义：一方面，掌握规律后可以减少摸索成本；另一方面，依据技术经济演进论的ROSE模型，可以判断所在地区当前所处的技术经济发展阶段。这样可以集中精力主攻当前阶段，把握所在技术经济阶段的内在规律、重点环节，避免精力分散或被商业炒作声音误导，从而避免错过发展的最佳时间节点。

3.4.2 数字世界的建设

物理世界被映射到数字世界，同时也映射了物理世界活动，并反作用于物理世界，让后者的生产效率更高、交易成本更低。此外，数字世界还有物理世界所没有的事物，这些都是社会财富。根据国际货币基金组织（International Monetary Fund，IMF）统计，2018年全球GDP总量超过85万亿美元，2019年这一数字约为87.7万亿美元，而到了2030年，这一数字预计超过121万亿美元。数字经济的发展与数字化、互联网和物联网，以及数字孪生的渗透率有关。

1980年，全球GDP总量约为11.2万亿美元，由于数字经济时代物理世界和数字世界的双重财富增长，到2030年，世界主要经济体将基本完成数字经济进程，全球GDP会以指数级的增长速度达到121万亿美元。按照这个维度来说，假如2050年人类完成了智能经济的主要进程，可以预见的是，智能经济带来的生产效率比数字经济更高，如果全球GDP总量仍然以平方指数级发展，这一数据将变成14641万亿美元，将是2030年的121倍。按照目前社会的人口增长速度来看，2050年全球人口会达到100亿，经济总量的增长速度远远超过人口的增长速度。因此，在未来的20多年，大力发展数字经济基础设施并将其融入各行各业的发展，将为智能经济下一步的发展打下基础。提前布局智能经济发展的前沿科技体系、布局智能经济产业链是未来我国在智能经济时代实现财富大幅增长的关键。数字世界财富创造的逻辑如图3-3所示。

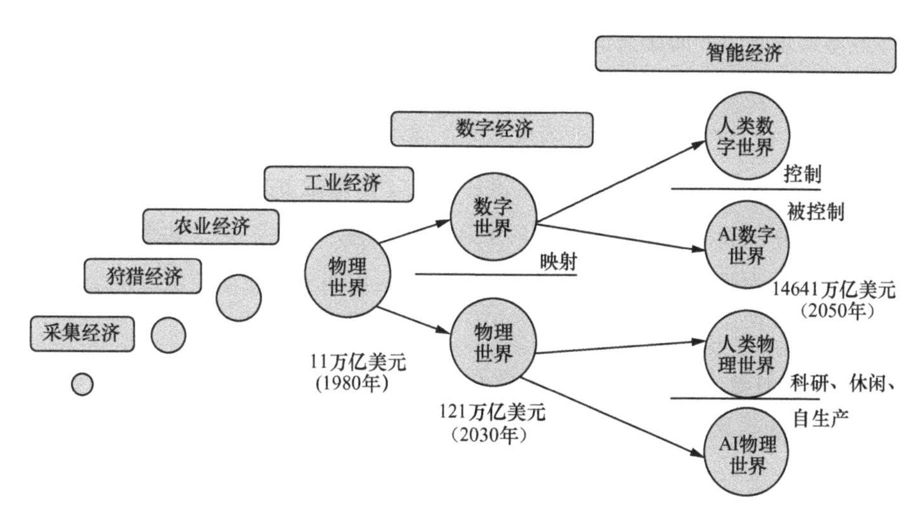

图 3-3 数字世界财富创造的逻辑

3.4.3 数字孪生理念

2002 年，美国密歇根大学的迈克尔・格里夫斯教授首次提出数字孪生（Digital Twin）的概念，他认为通过物理设备的数据，可以在虚拟（信息）空间构建一个可以表征该物理设备的虚拟实体和子系统，并且这种联系不是单向和静态的，而是在整个产品的生命周期中都联系在一起的。显然，这个概念不仅是指产品的设计阶段，而且还指延展至生产制造和服务阶段。但是当时的数字化手段有限，因此数字孪生的概念也只是停留在产品的设计阶段，即通过数字模型来表征物理设备的原型。一言概括，数字孪生就是针对物理世界中的物体，通过数字化的手段来构建一个在数字世界中一模一样的实体，其最先用在了制造业，在其他领域，例如 3D 打印、模拟仿真、BIM 设计都是对物理环境的映射，从内涵来说都属于数字孪生。从广义上来说，数字孪生不仅是指物理环境，还包括各种行业管理、城市管理、企业管理流程和商业活动等所有人的行为过程被映射到网络环境的现象。总之，数字孪生包括两个方面：物理环境和流程活动。

（1）数字孪生城市的内涵与外延

数字经济的发展必然经历数字化、联网化（互联网 / 物联网）和数字孪生 3 个阶段，这 3 个阶段并不是逐个实现的，而是在不同行业有不同的发展程度。当前数字孪生的发展在流程活动层面已经基本实现孪生，而在物理环境中的孪生还处在萌芽阶段。

① 一张蓝图绘到底。2020 年 2 月 12 日，ISO 正式发布《智慧城市基础设施——数据交换与共享指南》，这也是 ISO 在智慧城市领域发布的首个智慧城市基础设施数据标准。这个标准是国内外智慧城市企业共同努力的结果，标准中提到了南京城市的“一张图”，智慧南京的核心就是时间汇聚与共享交换。但是在深度协同上还需要加强，数据汇聚与共享交换是一项持续的工作。“一张图”的本质就是将政务数据、公共服务数据通过智慧南京进行汇聚，将智慧城市一张蓝图绘到底。

② 产业数字化与数字产业化。产业数字化是目前已经实现的阶段，而只有具备了数字孪生平台，才能真正实现数字产业化。目前的数字产业化，主要还是以建设云计算产业园、数字地产和招商引资等传统的粗放商业模式为主，数字产业化的本质是要服务城市管理、服务民生和服务产业发展，需要有具体的生态圈、平台、迭代的内容和丰富的应用，而且这些需要推动传统产业的升级，然后带来价值的增长。

（2）数字孪生城市持续演进阶段

① 总体演进步骤。数字孪生城市的发展是循序渐进的，而且演进必然遵循以下规律：逐步从建筑向园区规划、城市规划、公共安全、交通、水利、商业和旅游行业等扩展；从单体的建筑向建筑群、经济开发区、园区和整个城市扩展；从 2D 图向 3D 图、3D GIS 图扩展；从单纯的平面展示向立体 VR 展示、全息投影显示；从基本的城市建设向城市安全、城市治理、城市服务和产业发展延伸；从单体智能向群体智能、城市大脑逐步演进。

② L1 级别：总图 GIS 阶段与城市规划。GIS 的全称为 Geographic Information Science，是地理信息科学的缩写，地方政府日常行政事务中的 70% ～ 80% 与地理信息有关，传统的计算机辅助设计（Computer Aided Design，CAD）用于城市规划，缺乏属性数据支持，GIS 软件作为一种应用性极强的系统，被广泛应用在城市规划、交通运输、测绘和环保等领域，总图运输工程是工业企业设计中的重要组成部分。目前，GIS 用于城市规划，主要体现在数据库管理、地图显示、空间分析和空间建模等方面。

③ L2 级别：GIS+BIM 阶段与智慧建筑。GIS 展现的是室外的空间环境参数，利用 GIS 可以对室外进行定位和信息管理。而室内环境也是人们活动的主要区域，博物馆、体育馆、商场和地下设施空间等都可以通过 BIM 展示，利用已建成的 BIM 资料转入 GIS，节省重建 GIS 档案的时间，直接利用 BIM 转换成 GIS 使用的数据，可以节省重建 GIS 数据的人力和物力。

④ L3 级别：GIS+CIM 阶段。CIM 的全称为 City Information Model，是城市信息模型的缩写，从范围上讲是大场景的 GIS 数据、小场景的 BIM 数据和物联网的有机结合。有了 L2 和 L3 级别后，再加上物联网技术的应用，CIM 可以应用的空间很广泛，包括城市规划、国土资源管理、交通管控、水利资源管理、安防与公共安全、人防设施管理、环境保护、文物保护、能源燃气等一切与智慧城市相关的领域。

⑤ L4 级别：3D GIS 阶段。二维 GIS 表达的是平面的土地规划，用不同的颜色区块表达不同的规划用途，但是城市土地是有限的，不能突破基本农田的红线，而城市人口在不断增长，发展要向上下空间要资源，需要利用三维 GIS 对整个城市的立体空间进行统一描述，包括地质、地下的管线和构筑物，土地、地上的交通、建筑和植被，以及室内的设施等，从而形成与现实世界映射一致的三维立体空间框架。

3.5 智慧程度的衡量——本体视角

智慧程度的衡量也是城市文明程度的衡量，智慧城市的建设需要与城市的文明建设同步。智慧城市不可能建设在穷乡僻壤，也不可能建设在沙漠戈壁，它是城市文明的集中体现，而衡量其智慧的程度可以从数据、信息、知识到哲学。

（1）数据治理级

1948 年，美国数学家、控制论创始人维纳提出，世界是由物质、能量和信息三要素构成的[1]。有物质的地方就有数据，工业经济时代的数据储存在物质里、生物里，物质的分子结构、原子结构本身就是一种数据存在的形式，生物是通过遗传基因、物质结构信息和脑电波携带数据的。而数字经济时代的数据也是储存在物质里的，因此数据是客观存在的，但它是不同于物质、能量的第三种要素。按照爱因斯坦的广义相对论，物质也是能量的一种存在形式，这里统称为物理世界。人们对数据的理解往往存在很多差异，例如，国际数据管理协会认为“数据是以文本、数字、图形、图像、声音和视频等格式对事实进行表现”，也可以通过物理世界映射到数字世界中来，例如视频影像常常被理解为数据[2]，数据可以从对物理世界的直接描述中来，并能够通过

1 维纳 . 控制论（第二版）[M]. 郝季仁译，北京：科学出版社，2009.

2 DAMA 国际 .DAMA 数据管理知识体系指南（原书第 2 版）[M].DAMA 中国分会翻译组译，北京：机械工业出版社，2020.

约定被人类认识和被机器读取，这是数据价值的前提。从广义上来说，数据其实从远古就有表征，原始人通过结绳记事来记录牲畜数量、猎物数量或日出日落的次数等，这种方法一旦在部落中形成习惯也算是数据，而这里提到的数据是既能被人类认识，又能被机器识别的人类精神成果的表征，是狭义的数据。因此从本体上来说，数据就是经过规范化约束可被人类识别和被机器读取的信息承载形式。

数据治理级的智慧城市数据从认识论的角度来说，存在可采集、可复制、可传递和可变现等特征，数据也有全生命周期，数据的价值也会随着时间的推移而发生变化。全球的数据总量当前正在以指数级增长，智慧城市通过将声、激光、雷达、3D 照相机、环境、流量、湿度和温度等传感器部署到城市的各个角落，产生对城市进行丰富感知的数据，IPv6 可以给地球上每个砂砾分配一个数据化地址，智慧城市的数据治理级就是能够准确地收集城市的各类数据。

（2）信息流动级

当万事万物数据化之后，就产生了流动的需求，数据整合形成了信息，信息就是对数据解释分析后，所留存下来的对人有用的部分。数据被掌握在城市管理的各个职能管理部门、企事业法人及自然人手中，这些数据的自身整合产生了信息，数据只反映一定的具体数值，而信息供给企业用于决策并指导生产，反映一定的经济内容。如果没有一定的经济内涵，那么它就不能算是信息。数据完全基于客观事实，遵循“有就是有，没有就是没有”的原则，而信息常常带有主观性。数据来自公共部门和私营部门。很难划清两者之间应该共享信息的界限。数据共享对于使某些操作、服务和数据检查运行更顺畅是至关重要的。然而，在公共部门和私营部门之间实现良好的信息流动可能很困难。实现数据共享的最佳方式是想方设法让每个部门相信双方将从合作中受益，而不是将某些信息保密。毕竟，智慧城市依靠政府和私营部门之间的良好关系和协调来创建高效和可持续的计划。

（3）知识共享级

从起源来看，信息是知识的源、知识的根，任何知识都是在获得信息后，通过加工整理而形成的。例如，牛顿通过苹果从树上掉下来这一事件，从而获取与之相关的信息并加工整理得出牛顿定律。信息的时效性强于知识，当信息出现时，它可以是零星的、分散的，当知识出现时，它已是完整的、系统的。对于商机而言，信息才是有价值的、可利用的。而知识只能体现过去的价值，是不可利用的。古希腊哲学家柏拉图认为：“一条陈述能称得上是知识必须满足三个条件，它一定是正当合理的、真实的，而且是被人们相信的信念。”经济合作与发展组织也在

1996 年的年度报告《以知识为基础的经济》中将知识分为四大类：知道是什么的知识（know-what），主要是指叙述事实方面的知识；知道为什么的知识（know-why），主要是自然原理和规律方面的知识；知道怎么做的知识（know-how），主要是指对某些事物的技能和能力；知道是谁的知识（know-who），涉及谁知道和谁知道如何做某些事的知识。城市是人类文明的结晶，城市的建设、运行也要依靠知识的运用。知识共享级智慧城市是让城市发展所有参与者能够在知识层面达成一致，同向而行。

3.6 智慧城市的发展级别

相对于人类的文明史，智慧城市的建设周期非常短暂，智慧城市的建设正处在不断试错与摸索中，但是如果有一套演进路径，那么可以大幅减少金钱和时间的浪费。因此基于本章以上论述，我们将智慧城市的发展分为 5 个级别。

（1）1 星级智慧城市

城市在应对自然灾害、大规模传染病等威胁的场景下，能够有较大的敏捷性，使生活在城市中的人们损失最小化。

（2）2 星级智慧城市

使城市在交通、大气、水体、社区治安、生活物资供应等方面保持友好，实现治理的数字化、互联网化和平台化，应用于各类垂直行业的管理，城市实现了现代工业化。

（3）3 星级智慧城市

在城市治理的基础上，为城市市民服务、企业服务，达到政通人和，城市有独特的文化个性和服务体系，市民的归属感增强。

（4）4 星级的智慧城市

人尽其才、物尽其用、互联互通，城市走在高质量、相对中高速增长的快车道，数字经济高度发达。

（5）5 星级智慧城市

实现人工智能（AI）城市，工业时代的工作量基本被 AI 取代，数字经济时代的工作量有 50% 被 AI 取代。物质高度丰富，人们摆脱经济瓶颈与物质限制，实现自由、自主的生活。

智慧城市发展的 5 个阶段见表 3-1。

表 3-1　智慧城市发展的 5 个阶段

建设等级	星 等	级别	关键的智慧城市系统工程
1 星级智慧城市	★	生存级	自然灾害应急处置系统、传染病应急防控系统……
2 星级智慧城市	★★	治理级	智慧环保、智慧医疗、智慧交通……
3 星级智慧城市	★★★	服务级	智慧政务、智慧人社、智慧工商……
4 星级智慧城市	★★★★	发展级	智慧教育、工业互联网、产业互联网、数字孪生城市
5 星级智慧城市	★★★★★	荣耀级	城市大脑、AI 普及到各产业

第 4 章

智慧城市 3.0:

方法论

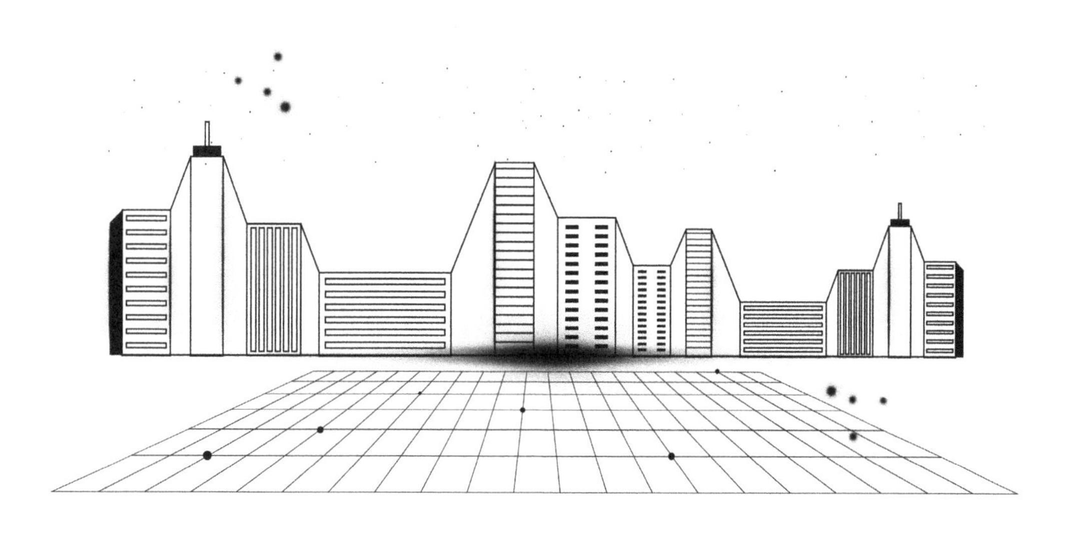

4.1 方法论及构成要素

方法论常常与认识论或哲学混淆，从该角度来讲，方法论是“关于认识世界、改造世界的根本方法的理论”。它是一种元理论，是“支撑任何自然、社会或人文科学研究的基本原理和哲学假设”。该视角下的方法论往往具有各种哲学立场，对其所遵循的诸多原则给予了哲学的检视与规定。毋庸置疑，上述所讲的方法论是最高层次的哲学方法论。由于智慧城市的建设是一个“社会建构 + 技术建构”的综合体系，包含跨学科和跨领域的内容，涉及复杂的应用场景，关注的是在一定哲学思想指导下适用于多学科和多领域的一般性科学方法论，是在具体方法论研究和应用中揭示出具有普遍意义的方法论。

根据 ISO 术语库、术语标准和术语条款中关于“方法论”的定义，并结合方法论相关研究发现，不同学科领域关于方法论的定义和描述存在共通点，即方法论往往与研究范式和理论框架相关。同时，方法论不是具体的方法本身，而是对方法的描述、解释和证明，它规定应该做什么，不应该做什么，先做什么，后做什么，怎样做才能取得最优的结果。它是做事的依据，为如何做事提供原则和规则。方法论看似比较抽象，实质上可以通过一系列元素实现实例化和具体化，可以基于特定的研究步骤和元素被明确定义。根据多科学领域关于方法论的概念界定得知，方法论是由若干要素组成的方法论体系，该体系中的要素包括理论和价值观、概念模型、基本原则、规则、程序、过程、指令、实现方法、评估标准等。

4.2 方法论要素分析框架构建

方法论至少要具备以下 6 个方面的构成要素。

① 理论基础：为实现特定目标或满足实践场景需求所采用的相关理论，作为指导各种方法、技术和工具等应用的理论依据。

② 概念模型：揭示特定问题的分析框架和研究逻辑。

③ 基本原则和规则：达到特定目标或满足实践场景需求应该遵循的基本原则和规则，以明确在特定情境下应该做什么和不应该做什么，保证行动的合理性和目标的一致性。

④ 达到特定目标或满足实践场景需求的过程和程序：该过程和程序包含前进方向和先后顺序等。

⑤ 方法：作为构成方法论的核心内容，包括过程和程序中应用的具体方法。

⑥ 依托预设的目标和实践场景需求所采用的一套评估标准。

4.3 智慧城市方法论关注点

当前，智慧城市建设在全国呈现出一个比较好的发展趋势，集中体现在以下 4 个方面：第一是注重顶层设计，各地高度重视顶层设计，使智慧城市建设得到科学合理的规划；第二是强调以人为本、为民服务，各地面向需求，充分整合城市各类资源，加快构建智能化城市基础设施，为公众提供更加便捷、高效、低成本的社会服务，实现了更科学、智能、精细化的城市管理；第三是很多城市都非常注重智慧城市建设模式的创新，各类市场主体在资金、技术、产业方面共同参与智慧城市建设，专业化、市场化的第三方服务及其服务外包的建设和运营模式兴起；第四是科学地引入先进技术，物联网、云计算、大数据、移动互联网、智能技术等得到应用。

在关注智慧城市建设的同时还要非常注重智慧城市建设的方法论：一是要立足定位；二是要落实政策要求；三是要注重顶层设计迁移；四是要统筹集约建设；五是要在重点领域实现突破；六是要有体制保障；七是重点要关注绩效。从智慧城市属性出发还要重点关注以下方面：第一，要安全可控，并且关联、智能，还要持续、健康；第二，要统筹关系，一方面要统筹好各种规划的关系，另一方面要统筹好技术、产业和应用的关系；第三，要构建智慧城市一体化体系，感、传、融、智、用、控来归纳智慧城市一体化的内容。

4.4 常见的智慧城市方法论

行业内对智慧城市本体的理解不同，就会带来认识论和方法论的差异，其实在 IBM 提出“智慧地球”的概念之前，相关词汇和理念就已经出现，例如 2004 年 3 月，韩国政府推出了 u-Korea 发展战略，希望使韩国提前进入智能社会。u-Korea 战略是一种以无线传感器网络为基础，把韩国的所有资源数字化、网络化、可视化、智能化，以此促进韩国经济发展和社会变革的新型国家战略。2005 年 7 月，欧盟正式实施“i2010”战略。该战略致力于发展最新的通信技术、建设新网络、提供新服务、创造新的媒体内容。2006 年 6 月，新加坡启动了“iN2015”计划，这是一个为期 10 年的计划，共投资约 40 亿新元，目标是“利用无处不在的信息通信技术将新加坡打造成一个智慧的国家、全球化的城市”。

通过中国知网期刊数据库，我们搜索以“智慧城市”为主题的论文，智慧城市主题领域发表文章数量趋势如图 4-1 所示。

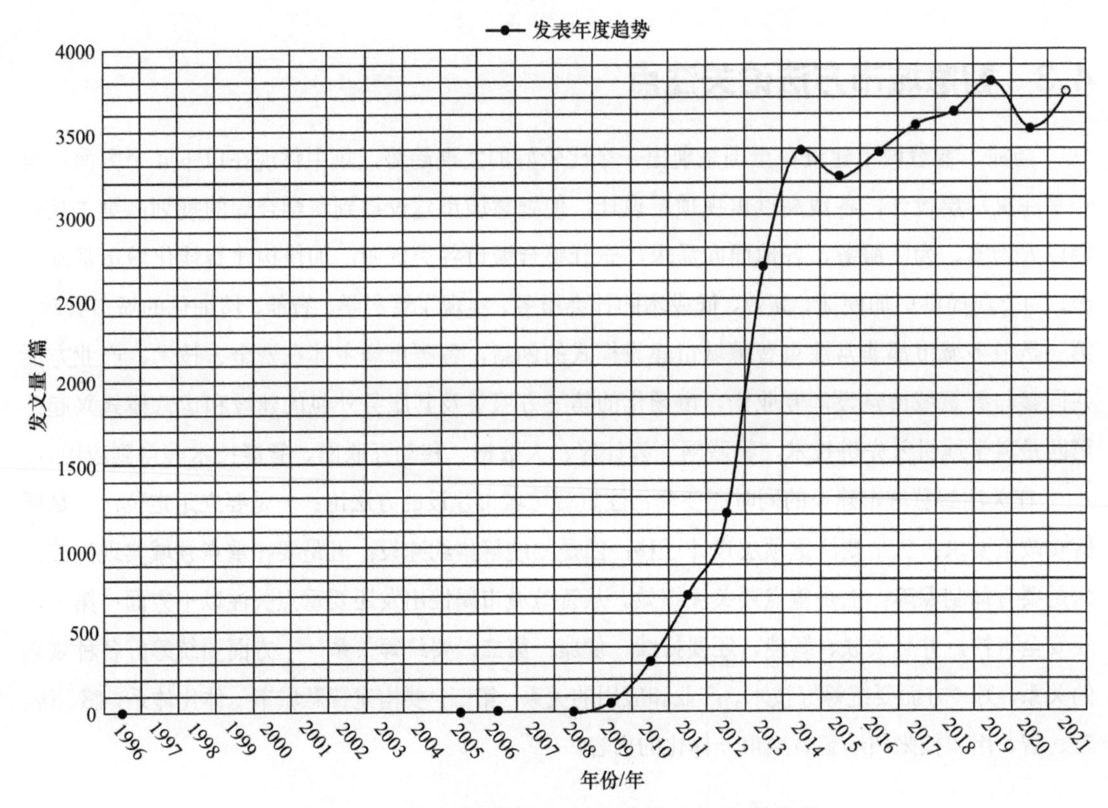

图 4-1 智慧城市主题领域发表文章数量趋势

从发表趋势曲线来看，我国学术界和产业界对于智慧城市研究的力度非常大。自从智慧城市理念在中国萌芽以来，政府、高校、企业研究机构、咨询机构、软硬件厂商纷纷参与研究，但是“城市”这个概念涉及的领域非常宽泛，智慧城市是一个复杂巨系统[1]，因此相对于互联网（583755 篇）、大数据（293148 篇）、物联网（123902 篇）、云计算（105645 篇）不是一个数量级。从研究内容上来看，2006 年有两篇文章描述了马来西亚智慧城市的建设战略[2]，智慧城市的建设可能早于 IBM 提出“智慧地球”概念的时间。

智慧城市方法论集中体现为顶层设计方法论、城市操作系统方法论、数字孪生城市方法论、市域治理方法论、“一网统管”方法论、城市大脑方法论和人工智能城市方法论。

1 唐怀坤，刘德平 . 智慧城市复杂巨系统分析 [J]. 中国信息化，2020（9）:47-49.

2 姚音，凤翔，孙海燕，李关云 .“智慧城市”: 马来西亚新动力 [J].21 世纪商业评论，2005（6）:114-116.

4.5 社会空间方法论

对于智慧城市来说，社会空间包含了城市管理者、法人、自然人 3 类。从历史的角度来说，城市管理者对财富和资源的管理产生了“城”，法人对商贸的诉求和自然人对更高生活质量的诉求产生了“市”，对于城市管理者来说，要开展对城市运行基础设施的管理、城市社区安全的管理、城市环境的管理、城市营商环境的管理、城市规划建设的管理、城市公共事业的管理以及以人的“生老病死”“吃穿住用行”为核心的市民服务的管理。

4.5.1 “一网统管”方法论

“一网统管”着力构建跨领域、跨层级的高效调度体系。各地城市大脑着重提升协同联动能力，深化“一网统管”建设。一方面，“一网统管”聚焦于公共安全、应急管理、规划建设、城市网格化管理、交通管理、市场监管、生态环境等重点领域，实现态势全面感知、风险监测预警、趋势智能研判、资源统筹调度、行动人机协同；另一方面，“一网统管”打破“层层上报、层层审批”的传统上传下达方式，改善数据采集慢、融合难、整理耗时等问题，着力构建“市、区、街道社区”三级联动体系，实现快速灵活综合调度。

“一网统管”是充分调用基层网格员群体的力量，实现网格化管理。通过智能产品，应用于城市管理、公共卫生、应急指挥等网格化管理业务，帮助实现更高效的智能化服务，提升居民的服务体验。通过对优先人工派单体系的智能化提升，提高案件的处置效率和智能派单水平，实现对城运派单事件的全生命周期管理。

网格派单智能化升级主要包含智能应答服务、智能派单辅助应用、派单过程监控及事件数据研判、智能化事件采集中心、全域知识库管理、智能决策、事件全流程工作台 7 个内容。优化城市管理体系和管理流程，构建横向到边、纵向到底、全闭环的数字化治理模式，建设网格化管理、精细化服务、信息化支撑、开放共享的“一网统管”服务支撑平台，完善优化社会管理与社会治理运行机制，实现区、镇、村网格覆盖全面、联系密切、配合到位、管理灵活，持续建设基层治理体系和治理能力现代化。通常建设内容有以下 5 个方面。

（1）智慧应用建设

构建城运一体化系统和综合巡查系统。通过城运一体化系统建设，实现事件的受理、分拨、处置、办结、监管，并支持巡查任务配置、任务派发、任务管理等功能。综合巡查系统是指建设工作端、部门端、中心端，支持网格员的信息采集、综合巡查及考勤签到，部门用户的处置和结果反馈等功能，并为平台管理用户提供事件受理、事件派遣、回访等功能。

（2）中枢系统建设

搭建中枢系统，包括业务中台（事件中心、流程中心）、AI 服务（智能分类、流程机器人）、统一身份认证、统一移动框架、统一地址服务等功能，支持将通用的业务、技术等基础能力沉淀到中台，为各类信息化应用提供功能完整、性能优良、可靠性高的支撑服务。

（3）场景应用建设

“一网统管”智慧应用建设可以进一步支持和开展场景化应用建设服务，具体包括传染病防控、市容环卫、查违控违、建筑渣土、劳资纠纷五大场景。场景应用建设适配城市当地“一网统管”的实际需求，能够提升群众的获得感。

（4）事项清单梳理

事项清单是“一网统管”的重要办事指引，涵盖了管理对象（事项类型）、管理要求（监管事项立案条件、处置时限与结案条件等）、管理依据、权责单位等信息，是系统运行的重要依据材料。项目需要结合城市当地用户的实际需要，对事项进行梳理优化，并随着城市的不断发展提供服务，以此满足城市当地“一网统管”的实际需要。

（5）外部对接内容

“一网统管”平台将 12345 热线、数字乡村等应用系统作为事件的统一来源，并与各局办应用系统对接，将事件分拨到各局办进行处置，同时将各局办处置的结果进行及时反馈。通过业务应用接入，支撑“一网统管”事件从汇聚、分拨到处置、结案的全流程闭环跟踪。此外，需要与视频联网共享平台、多维地理信息平台、大数据平台等对接，为智慧“一网统管”提供数字底座支撑。

4.5.2 市域治理方法论

市域治理推进国家治理体系和治理能力现代化，其以智能化促进精细化，打造市域社会治理现代化、智能化、精细化新亮点。全国市域社会治理现代化试点以 3 年为一期，2020—2022 年为第 1 期；2023—2025 年为第 2 期。全国市域社会治理现代化试点验收的原则是：建立长效机制，做到“成熟一批、验收一批、授牌一批”，验收通过，即予以授牌。各地项目包括：建设市域治理现代化指挥平台，指挥中心开展智能化改造；网格化管理平台与市域治理现代化指挥平台对接，实现网格员、事件等信息共享；一体化在线政务服务平台、12345热线平台与市域治理现代化指挥平台对接，实现办件数据、12345热线数据共享；业务执法平台与市域治理现代化指挥平台对接，实现执法人员信息、证照、执法检查记录和行政处罚结果等数据共享；接受市域治理现代化指挥中心统一指挥调度；建设县乡两级治理现代化指挥平台，与市级市域治理现代化指挥平台对接，实现数据共享，接受市级指挥中心统一指挥调度。

（1）扬州市域治理模式的经验

扬州市在推进市域社会治理现代化的进程中，坚持最高规格组织推进、最大力度调整机构、最优举措做强网格、最实政策激励基层，全面增强基层协同治理能力，加快推动市域社会治理体制机制健全，市域社会治理能力显著提升。扬州市以“扬州工”的精神创新网格化管理，初步形成江苏省领先的市域社会治理现代化的“扬州模式”，激活基层治理的“神经末梢”。扬州市发布《关于全面加强基层基础建设推进市域社会治理现代化的实施意见》，在市域社会治理领导小组办公室的指导下整合市域社会治理相关职能，负责顶层设计、研判决策，解决重大问题。在全部县（市、区）设立正科级建制社会治理指挥中心，由党委政法委代管，负责调度派遣、联动处置，解决难点问题。全部83个乡镇（街道）相应设立指挥调度中心，负责综合治理、攻坚化解，解决日常问题。为夯实基层基础，扬州市还专门编制《乡镇街道指挥调度中心设置与工作规范》（扬州市地方标准），全面提升乡镇中心规范化建设水平。

（2）南通市域治理模式的经验

南通市成立了以市委书记、市长担任“双组长”的市域社会治理现代化建设领导小组。在江苏省率先建立市级正处、县级正科、乡级副科职级建制并实体化运作的区域治理现代化指挥中心。其对照《全国试点工作指引》和《江苏省区域特色工作指引》，形成八大领域168项分解指标，明确各项指标的牵头单位和协同单位，并在南通市做出部署，将中央和省工作指引中各项要求全部分解到10个县（市、区）党委政府和73家市级单位，以责任化、项目化、指标化形式推进市域治理现代化建设。南通市市域治理现代化指挥中心于2020年6月19日启动，通过机构职能的有机整合，充分发挥各部门的综合优势和专业优势，实现了“1+1>2”的有机融合，使职能更加优化、权责更加协同、运行更加高效。指挥中心整合了12345热线、数字城管、网格化服务管理的职责，并与南通市的大数据管理局实行一体化运行。面对跨部门协调效率低下等城市治理的痛点难点，指挥中心打造了包含1个市级指挥中心、10个县市区及指挥中心和96个乡镇（街道）工作站的市、县、乡三级联动指挥体系。南通市交通运行、公共安全、环境污染等情况在一张大屏幕上实时呈现、一屏统览。一旦城市出现突发情况，指挥平台可以及时下达指令到具体的执行部门，并迅速处理。基于全市域数据汇聚共享，指挥中心向城市管理者提供“智能搜索找信息、分析研判推报告、监测预警报风险、社情民意知民声、行政问效核指标”等以 AI 强支撑的辅助决策体系。不局限于指挥中心大屏，城市管理者可以在计算机端、手机端及平板上随时掌握城市运行态势，可实现科学研判决策、远程指挥调控。

4.6 城市空间方法论

数字孪生技术作为城市大脑的重要技术方向，被纳入国家和地方发展战略。《中华人民共和国国民经济和社会发展第十四个五年规划和 2035 年远景目标纲要》中明确提出要“探索建设数字孪生城市”。住房和城乡建设部、工业和信息化部、中共中央网络安全和信息化委员会办公室印发《关于开展城市信息模型（CIM）基础平台建设的指导意见》，住房和城乡建设部、中共中央网络安全和信息化委员会办公室、科技部等七部门印发的《关于加快推进新型城市基础设施建设的指导意见》和住房和城乡建设部印发的《关于开展新型城市基础设施建设试点工作的函》都提出了城市信息模型的政策要求。

2020 年，国家发展和改革委员会、科学技术部、工业和信息化部、自然资源部、住房和城乡建设部等部门密集出台政策文件，有力推动城市信息模型（CIM）、建筑信息模型（BIM）相关技术和产业与应用的快速发展，助力数字孪生城市建设。随着数字孪生城市在雄安新区先行先试，数字孪生建设理念深入各地新型智慧城市规划中。上海市发布的《关于进一步加快智慧城市建设的若干意见》中明确提出“探索建设数字孪生城市”；海南省发布的《智慧海南总体方案（2020—2025）》中提出“到 2025 年底，基本建成‘数字孪生第一省’”；浙江省提出建设数字孪生社区。

城市信息模型平台是刻画城市细节、呈现城市趋势、推演未来趋势的综合信息载体。城市信息模型平台是基于城市 GIS 地图，按照地形层、道路层、建筑层、水域层等顺序加载城市大数据平台数据和城域物联感知平台数据，并对建筑物、桥梁、停车场、绿地等城市部件进行单体化处理。在模型单体化基础上，同步接入人口、房屋、水电燃气、交通等城市公共系统的信息资源，实现可视化展示城市运行状态，并运用仿真和深度学习等技术，模拟推演城市发展态势。

4.7 数字空间方法论

4.7.1 顶层设计方法论

顶层设计这一概念源于系统工程学领域，最初的设想是采用“自顶向下逐步求精、分而治之”的原则进行大型程序的设计。此后，这一概念逐步扩展到系统工程学、社会科学、自然科学领域。对于智慧城市来说，顶层设计意味着将智慧城市视为一套软件系统，包括纵向的子系统和横向的子系统，纵向是按照云计算的架构，最底层是环境感知、数据采集，然后是网络传输、数据汇聚与交换、应用软件等。

2019 年 1 月起实施的 GB/T 36333—2018《智慧城市顶层设计指南》提出，智慧城市顶层设计是介于智慧城市总体规划和具体建设规划之间的关键环节，是指导后续智慧城市建设工作的重要基础。该标准指出，智慧城市顶层设计是从城市发展需求出发，运用体系工程方法统筹协调城市各要素，开展智慧城市需求分析，对智慧城市需求分析、总体设计、架构设计、实施路径设计等方面进行整体性规划和设计的过程。

智慧城市顶层设计基本过程如图 4-2 所示。

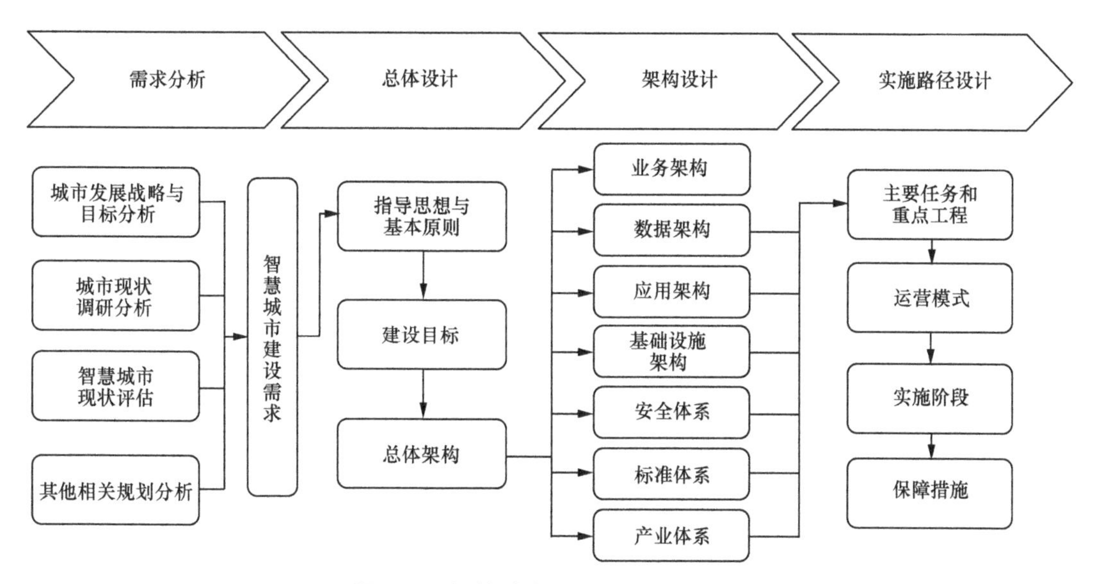

图 4-2 智慧城市顶层设计基本过程

智慧城市顶层设计本质上是一项规划，规划期限一般是 3 ～ 5 年。智慧城市顶层设计在明确智慧城市建设具体目标的基础上，自顶向下将目标层层分解，对智慧城市的建设任务、总体架构、实施路径等进行设计。智慧城市顶层设计一般分为需求分析、总体设计、架构设计、实施路径设计 4 项活动。

4.7.2 城市操作系统方法论

京东是最早提出“智慧城市操作系统”概念的，后又用“智能城市”取代“智慧城市”，提出智能城市是智慧城市的高级阶段。在中国，城市智能化不是“Smart”的问题，而是“Intelligent”的问题，包括工业化、城镇化、信息化等概念，因此用“智能城市”取代“智慧城市”，用 Intelligent City（ICity）取代 Smart City。城市操作系统是“一核两翼”的基础，也是智能城市建设的底座和数字基石。“一核”是指“市域治理现代化”，“两翼”分别是服务企业的 AI+ 产业发展和生活方式服务业。以上三者相互支持、相互联动、协同统一。城市操作系统是一个集采集、存储、管理、分析、可视化于一体、专门面向城市的大数据和 AI 平台，可以通过汇聚城市全域数据，实现数据安全打通，并针对智能城市建设提供专业化、标准化、智能化、平台化的 AI 组件服务，让众多企业可以在城市操作系统上开发自己的应用，共建智能城市。

操作系统是管理计算机硬件与软件资源的计算机程序。操作系统需要处理管理与配置内存、决定系统资源供需的优先次序、控制输入设备与输出设备、操作网络与管理文件系统等基本事务，它也提供一个让用户与系统交互的操作界面。严格意义上来说，目前操作系统仍然是一种计算方法和信息系统架构，真正的城市操作系统是独立于现在主流的操作系统的，是服务于智慧城市的独立工具。

4.7.3 人工智能城市方法论

在人工智能研究领域，2016 年 3 月，谷歌的 AlphaGo（阿尔法狗）战胜了围棋世界冠军李世石，再次催化了全社会的人工智能热潮。这并不是第一次人工智能热潮，早在 1956 年的达特茅斯会议上，“人工智能”一词便登上了历史的舞台。1997 年 5 月，IBM 的计算机系统“深蓝”战胜了国际象棋世界冠军卡斯帕罗夫，街头巷尾都在讨论人工智能时代要来了。人工智能在人脸识别、医疗影像识别等领域已经进入商用化，甚至可以达到 99.99% 以上的准确率，这些领域边界清晰，可以用大量的数据进行机器学习。但是在自然语音识别、无人驾驶、无人客服等领域，人工智能还不够成熟，只处于试商用阶段，准确率还不高，特别是无人驾驶领域，环境复杂且变量多，没有固定的数据边界。

在人工智能热潮的催化下，人工智能城市也被提出，有学者将人工智能城市定义为：在遵循城市发展规律和满足社会经济发展需求的前提下，以城市科学、人工智能、信息物理系统、系统工程理论为支撑，在城市大脑的统一管理下，在人类智慧空间、信息空间、物理空间的支撑下，综合采用人工智能、大数据、云计算、物联网、移动互联网、工业互联网、现代通信、区块链、量子计算等新一代信息技术实现实时感知、高效传输、自主控制、自主学习、智能决策、自组织协同、自寻优进化、个性化定制八大特征的高度智能化城市[1]。

4.7.4 城市智能体方法论

基于“数字孪生”的理念，新型智慧城市让物理世界和数字世界一体化协同，形成一个有机的“生命体”，与人体一样，具有新陈代谢、自适应、生长发育、不断进化等生命特征。正是基于这样的认知，华为提出“城市智能体”的理念。城市智能体是以云为基础，以AI为核心，构建立体感知、全域协同、精确判断和持续进化的一体化智能系统。城市智能体包括4个层面：一是智能交互，包含华为和合作伙伴的边端设备，它们就像“五官”和“手脚”，全面感知城市中的人、物、空间和过程，并与它们实时交互；二是智能联接，包括5G、F5G、Wi-Fi 6、IoT等技术，就像“躯干”和“神经”，让数据得以高速汇聚，城市体征得以实时感知，智能与执行得以快速抵达现场，激活城市的创新潜力；三是智能中枢，包括云基础设施、AI使能、应用使能和数据使能，是真正的中枢，让AI发挥关键作用，全网协同，基于城市数据及时发现问题、研判趋势、预防风险并做出恰当反应；四是智慧应用，由政府与华为等企业进行协同创新，实现ICT技术与行业知识的深度融合，重构体验、优化流程、使能创新，逐步形成三大领域智慧应用体系，其中包括数字政府、数字经济、数字生活。

在未来超大城市治理新模式下，每一个城市运行的最小单元对应的自治系统都是城市智能体支持的独立应用场景，是完整城市智能体的一部分。并且每一个城市运行的最小单元都遵循智能体的理念（能感知、会思考、可进化、有温度），遵循应用城市智能体的参考架构（交

---

1 杜明芳．人工智能城市、多智能体城市及其评价研究．中国建设信息化，2019（3）：18-21.

互、联接、中枢、应用），遵循城市智能体的技术平台（“云、网、边、端”协同），实现自治的有机体、生命体。通过城市最小管理单元的场景支持，丰富城市智能体的应用，增加“云、网、边、端”协同能力。在这种创新模式下，实现从一栋楼扩展到一条街、一个区、一座城，从而打造完整的数字孪生城市，实现“感知一栋楼，联接一条街，智能一个区，温暖一座城”的美好愿景。

第 5 章

开放的复杂巨系统理论

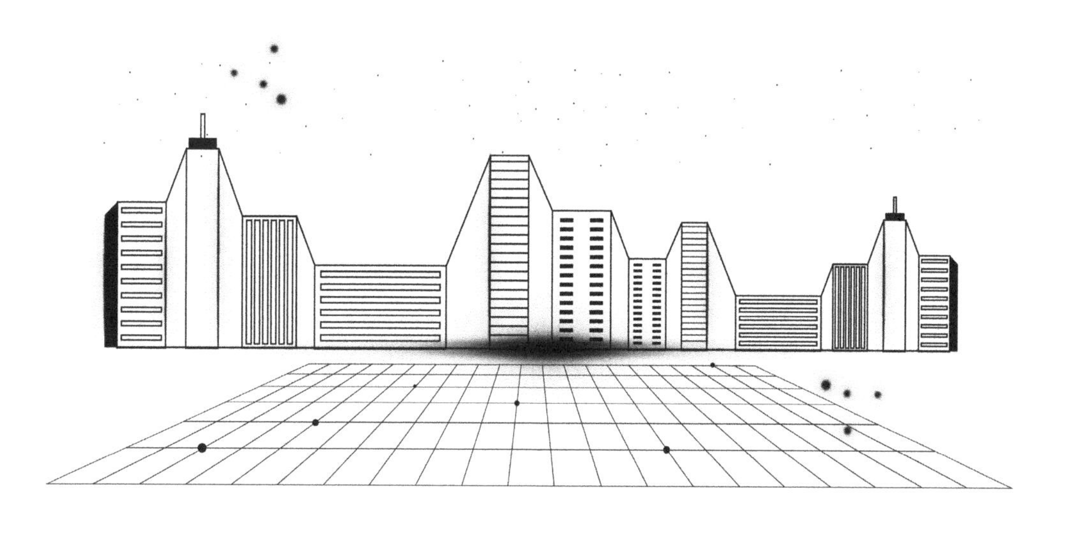

5.1 系统论发展概述

5.1.1 系统论的由来

理论生物学家贝塔朗菲在 1932 年提出了系统论的思想。1937 年，他提出了一般系统论原理，奠定了这门科学的理论基础。但是他的论文《关于一般系统论》到 1945 年才公开发表，直到 1948 年他在美国再次讲授“一般系统论”时，才得到学术界的重视。确立这门科学学术地位的是 1968 年贝塔朗菲发表的专著——《一般系统理论：基础、发展和应用》（*General System Theory: Foundations, Development, Applications*），该书被公认为是这门学科的代表作，其中贝塔朗菲提到了 System Approach，直译为系统方法，也可译成系统论，因为它既可代表概念、观点、模型，又可表示数学方法。

20 世纪 40 年代末，随着科技的发展，各个科学研究领域的分支日益细化，但与此同时，各学科之间相互渗透的现象越来越明显，系统论、控制论、信息论这 3 门边缘学科几乎同时产生。

5.1.2 系统论的内容

系统论的核心观点认为，开放性、自组织性、复杂性、整体性、关联性、等级结构性、动态平衡性、时序性等，是所有系统共同的基本特征。

系统论的核心思想是系统的整体观念。贝塔朗菲强调，任何系统都是一个有机的整体，它不是各个部分的机械组合或简单相加，系统的整体功能是各要素在孤立状态下没有的性质。它用“整体大于部分之和”来说明系统的整体性，反对那种认为要素性能好，整体性能就一定好，以局部说明整体的观点。同时认为，系统中各要素不是孤立地存在着，每个要素在系统中都处于一定的位置，起着特定的作用。要素之间相互关联，构成了一个不可分割的整体。要素是整体中的要素，如果将要素从系统整体中割离出来，它将失去要素的作用。

系统论的规律主要是系统的规律。

第一，系统各组成要素之间的相互作用使系统最终达到平衡状态（终态），对封闭系统而言是定态，对开放系统而言是稳态。

第二，系统逐步由无序向有序演变，当系统的外部环境发生变化时，系统会随之发生量变，如果这种改变突破某一界限，系统就会发生质变。

第三，开放系统达到稳态时，各要素之间的结合方式是有规律的，各要素自身的“新陈代谢”并不改变这种结合方式，这种现象称为自组织现象，这种结合方式称为协同。协同是指两种或两种以上的组分相加或调配在一起，所产生的作用大于各种组分单独应用时的总和。而对于城市管理、企业管理领域来说，协同的意义也非常重大，当代行政管理理论、企业管理理论中都在不约而同地强调协同的价值，尤其是随着数字经济的到来，操作协同、数据协同的价值将协同论发挥得淋漓尽致。

第四，系统的演化是一个从低层次循环到高层次循环的过程。德国科学家艾肯的超循环理论指出，在复杂系统中信息量的积累和提取不可能在一个单一不可逆的过程中完成，多个不可逆过程或循环过程将是高度自组织系统的结构方式之一。超循环理论已成为系统学的一个组成部分，对研究系统演化规律、系统自组织方式，以及对复杂系统的处理都有深刻的影响。

5.1.3 系统论的应用与发展

系统论的出现，使人类的思维方式发生了深刻的变化。以往研究问题，一般是把事物分解成若干部分，抽象出最简单的因素，然后再以部分的性质去说明复杂事物，这是笛卡尔奠定理论基础的分析方法。这种方法的着眼点是局部或要素，遵循的是单项因果决定论，虽然这在几百年来的特定范围内是行之有效且是人们最熟悉的思维方法，但是它不能如实地说明事物的整体性，不能反映事物之间的联系和相互作用，它只适合认识较为简单的事物，而不胜任对复杂问题的研究。在现代科学的整体化和高度综合化发展的趋势下，在人类面临许多规模巨大、关系复杂、参数众多的复杂问题面前，就显得无能为力了。

系统论不仅为现代科学的发展提供了理论和方法，而且也为解决现代社会中的政治、经济、文化等方面的各种复杂问题提供了方法论的基础，系统观念正渗透到每个领域。当前系统论发展的趋势和方向朝着统一各种各样的系统理论，建立统一的系统科学体系的目标前进。有的学者认为，随着系统运动会产生各种各样的系统（理）论，而这些系统（理）论的统一已成为重大的科学问题和哲学问题。系统论、控制论、信息论，正朝着“三归一”的方向发展，现已明确系统论是其他两个理论的基础。

5.2 系统科学与复杂性科学的区别与联系

5.2.1 理论概念的区别与联系

纵观科学哲学发展史，继亚里士多德之后重新兴起的整体论思维无疑是系统科学产生的源头[1]。系统科学是以系统为研究对象的基础理论和应用开发学科组成的学科群，它着重考察各类系统的关系和属性，揭示其活动规律，探讨有关系统的各种理论和方法。系统科学的理论和方法正在从自然科学和工程技术向社会科学广泛转移。人们将系统科学与哲学相互作用，探讨系统科学的哲学问题，形成了系统哲学。系统科学的第一个阶段是一般系统理论、控制论、信息论等现代系统理论的创立，也是系统科学产生的标志；第二个阶段的研究倾向围绕自组织的特征；第三个阶段是以复杂性系统为研究对象，“老三论”的系统论、控制论和信息论，经过“新三论”耗散结构论、协同论、突变论，到 20 世纪 80 年代，复杂性科学正式建立[2]。

复杂性科学是指以复杂性系统为研究对象，以超越还原论为方法论特征，以揭示和解释复杂系统运行规律为主要任务，以提高人们认识世界、探究世界和改造世界的能力为主要目的的一种“学科互涉”的新兴科学研究形态。

兴起于 20 世纪 80 年代的复杂性科学，是系统科学发展的新阶段，也是当代科学发展的前沿领域之一。复杂性科学的发展，不仅引发了自然科学界的变革，而且也日益渗透到哲学、人文社会科学领域。复杂性科学在研究方法论上的突破和创新，在某种意义上，甚至可以说复杂性科学带来的是一场方法论或思维方式的变革。

5.2.2 内容分类的区别与联系

系统科学即以系统思想为中心、综合多门学科内容而形成的一个新的综合性科学门类。系统科学按其发展和现状，可以分为狭义和广义两种。狭义的系统科学一般是指贝塔朗菲著作《一般系统论：基础、发展和应用》中所提出的将“系统”的科学——数学系统论、系统技术、系统哲学 3 个方面归纳而成的学科体系。广义的系统科学包括系统论、信息论、控制论、耗散结

1 齐磊磊 . 论“系统科学”与“复杂性科学”之异同 [J]. 系统科学学报，2008(4):31-35.

2 安小米，马广惠，宋刚 . 综合集成方法研究的起源及其演进发展 [J]. 系统工程，2018，36(10):1-13.

构论、协同学、突变论、运筹学、模糊数学、物元分析、泛系方法论、系统动力学、灰色系统论、系统工程学、计算机科学、人工智能学、知识工程学、传播学等。系统科学是 20 世纪中叶以来发展最快的一门综合性科学。

复杂性科学研究的焦点不是客体的或环境的复杂性，而是主体自身的复杂性——主体复杂的应变能力以及与之相对应的复杂的结构。复杂性科学主要包括早期研究阶段的一般系统论、控制论、人工智能；后期研究阶段的耗散结构理论、协同学、超循环理论、突变论、混沌理论、分形理论和元胞自动机理论。复杂性科学研究方法包括非线性、不确定性、自组织性、涌现性。

5.3 开放的复杂巨系统的由来

开放的复杂巨系统这一概念的形成大致经历了巨系统—复杂巨系统—开放的复杂巨系统 3 个阶段[1]，以系统论观点为基础的复杂性科学兴起于 20 世纪 80 年代，是系统科学发展的新阶段，因此应该算是经历了 4 个理论阶段，即系统论—巨系统理论—复杂巨系统理论—开放的复杂巨系统理论。开放的复杂巨系统是当代科学发展的前沿领域之一，还没有完整的理论体系能够破解复杂巨系统理论的难题，学者们在这个领域也开展了很多探索，例如，普利高津、哈肯、艾根断言复杂性是物质世界自组织运动的产物，并分别创立了耗散结构理论、协同学、突变论和超循环理论。通过研究发现，所谓复杂性实际上是开放的复杂巨系统的动力学，或开放的复杂巨系统学，因此开放的复杂巨系统是系统科学的核心概念。

如果再往下细分就会形成成千上万个子系统，并且在这些子系统之间开展协同就会形成复杂巨系统。实际上，无论是人类大脑的认知水平，还是计算机的解析水平，都要经历从简单到复杂的过程。

国内对于开放的复杂巨系统理论的研究于 20 世纪 80 年代萌芽，并在 90 年代出现了部分成果，钱学森院士在 1990 年《自然杂志》第一期上发表《一个科学新领域——开放的复杂巨系统及其方法论》，首次对开放的复杂巨系统概念做出系统、完整的阐述 。钱学森在复杂性层次方面提出了系统的新的分类，即简单系统、简单巨系统、复杂巨系统。简单系统是指组成系统的子系统数量比较少，它们之间关系自然、比较单纯，例如，一台测量仪器就是小系统；若子系统数量非常大（例如，成千上万、百亿、万亿），则称作复杂巨系统；若巨系统中子系统种类不太多（几种、

1 卢明森．“开放的复杂巨系统”概念的形成 [J]. 中国工程科学，2004(5):17-23.

几十种），且它们之间的关联关系又比较简单，就称作简单巨系统，例如，激光系统。钱学森指出，开放的复杂巨系统具有以下 4 个特征：第一，系统是开放的，也就是系统本身与系统外部环境有物质、能量和信息的交换；第二，系统包含很多子系统，成千上万甚至是上万亿的，所以是巨系统；第三，系统的种类繁多，有几十、上百甚至几千种，所以是复杂的；第四，正因为以上几个特征，整个系统之间的系统结构是多层次的，每个层次都表现出系统的复杂行为，甚至还有社会人的参与[1]。

开放的复杂巨系统是系统科学的核心概念，学者们已经开展了有关城市本体和智慧城市本体的复杂性问题的一些研究。20 世纪 90 年代，有学者最早从建筑科学发展的视角提出城市及其区域是一个典型的开放的复杂巨系统[2]；也有学者认为，智慧城市建设应该综合关注技术、居民及制度 3 个方面，社会因素是智慧城市建设的核心内容，要充分考虑城市的社会因素、技术因素与物理环境的复杂性与关联性，使用软系统方法论，智慧城市研究模型建构的关键点在于对城市社会系统和智慧城市系统进行特征定义[3]。

5.4 开放的复杂巨系统研究方法

系统论是本体论，开放的复杂巨系统理论是认识论，要想在工程实践中开展工作呢，还需要方法论配合。提出开放的复杂巨系统理论之后，钱学森院士又提出了从定性到定量综合集成方法：将专家群体、数据和各种信息与计算机技术有机结合，把各种学科的科学理论和人的知识经验结合起来，得益于现代信息技术的发展，综合集成方法是把还原论方法与整体论方法结合起来的系统论方法的具体化。实践已经证明，现在能用的、唯一能有效处理开放的复杂巨系统（包括社会系统）的方法，就是定性和定量相结合的综合集成法。综合集成法首先通过定性综合集成提出经验性假设，然后人机结合进行定性与定量相结合的综合集成，得到定量描述，最后再通过从定性到定量的综合集成获得科学结论。综合集成法将跨学科专家体系、信息体系与计算机体系有机结合起来，进而把各类数据、信息、经验、知识集成起来，构成一个高度智能化的人机结合的系统，从多个方面经验性的定性认识上升到定量认识。综合集成方法论以思

1 钱学森，于景元，戴汝为 . 一个科学新领域——开放的复杂巨系统及其方法论 [J]. 自然杂志，1990(1):3-10+64.

2 周干峙 . 城市及其区域——一个开放的特殊复杂的巨系统 [J]. 城市规划，1997，(2):4-7.

3 王世福 . 智慧城市研究的模型构建及方法思考 [J]. 规划师，2012，(4):19-23.

维科学为理论基础，以系统科学和数学科学为方法基础，以现代信息通信技术为技术基础，以系统工程的应用为实践基础，以辩证唯物主义理论为哲学基础，通过人机结合、人网结合的方式获得知识和智慧，这在人类认识和改造世界的发展史上是一个重大进步[1]。综合集成法架构如图 5-1 所示。

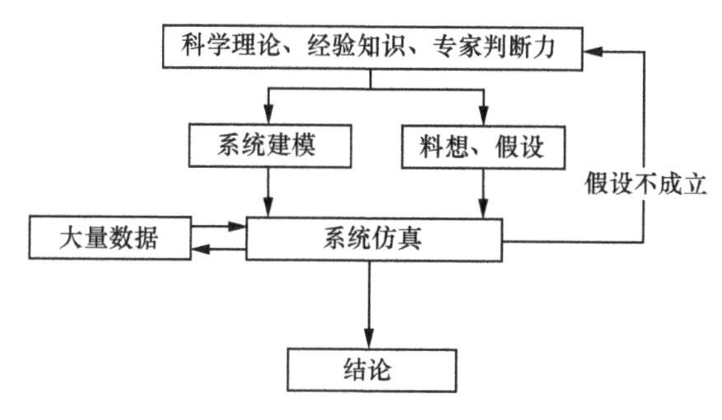

图 5-1　综合集成法架构

这个方法是在以下 3 个复杂巨系统研究实践的基础上提炼、概括和抽象出来的：

在社会系统中，由几百个或上千个变量所描述的定性和定量相结合的系统工程技术，对社会经济系统的研究和应用；

在人体系统中，把生理学、心理学、西医学、中医和其他国家传统医学等综合起来的研究；

在地理系统中，用生态系统和环境保护以及区域规划等来综合探讨地理科学的工作。

钱学森院士提出了解决开放的复杂巨系统的具体方法，那就是综合集成方法，它可以分为以下 4 个实施步骤。

第一步是提出经验性假设。结合科学理论、经验知识和专家判断力，提出经验性假设（判断或猜想）。这一步是定性的认识，但可用经验性数据和资料以及几十、几百、上千个参数的模型对其确实性进行检测。由经济学家、管理专家、系统工程专家等依据他们掌握的科学理论、经验知识和对实际问题的了解，共同讨论和研究上述系统的经济机制（运行机制和管理机制），来明确问题的症结，对解决问题的途径和方法做出定性判断（经验性假设），并从系统思想和观点方面把上述问题纳入系统框架，界定系统的边界，明确哪些是状态变量、环境变量、控制变量（政策变量）和输出变量（观测变量）。这一步对确定系统的建模思想、模型要求和功能具有重要意义。

第二步是系统建模。这是指将一个实际系统的结构、功能、输入—输出关系用数字模型、

1　于景元、刘毅 . 复杂性研究与系统科学 [J] 科学学研究，2002(5)：449-453.

逻辑模型等描述出来，用对模型的研究来反映对实际系统的研究。建模的过程既需要理论方法，又需要经验知识，还要有真实的统计数据和相关资料。

第三步是系统仿真。借助计算机就可以模拟系统和功能，这就是系统仿真，它相当于在实验室内对系统做实验，即进行系统的实验研究。通过系统仿真可以研究系统在不同输入下的反应、系统的动态特性及未来行为的预测等。在分析的基础上，进行系统优化，优化的目的是找出使系统具有我们所希望的功能的最优、次优或满意的政策和策略。

第四步是持续优化。经过以上步骤获得的定量结果，由经济学家、管理专家、系统工程专家共同再分析、讨论和判断，这里包括理性的、感性的、科学的和经验的知识的相互补充。其结果可能是可信的，也可能是不可信的。在后一种情况下，还要修正模型和调整参数，重复上述工作。这样的重复可能有许多次，直到各方面专家都认为这些结果是可信的，再做出结论和政策建议。这时，既有定性的描述，又有数量根据，已不再是先前的判断和猜想，而是有足够科学根据的结论。

5.5 开放的复杂巨系统在各行业应用总体进展

（1）智能物流领域

我国是物流大国，有学者提出了基于开放的复杂巨系统理论的智能物流系统发展机理研究成果。智能物流系统是一个多学科交叉、融合的产物，它涉及区域经济、产业经济、知识产权、控制科学、交通运输等多个学科领域，其跨学科、跨领域的特点彰显了智能物流系统的复杂性。因此，智能物流系统是一个复杂系统[1]。分析智能物流系统发展的前提条件、驱动力、路径等对进一步发展智能物流系统具有重要的推动作用。

（2）城市科技创新体系领域

城市科技创新与本书提到的智慧城市有异曲同工之妙，智慧城市的建设本质上也是城市科技创新体系建设的过程。有专家提出开放的复杂巨系统理论强调知识、技术和信息化的作用，强调人的作用，并特别强调知识集成、知识管理的作用，也将对知识社会环境下科技创新体系的构建提供重要指导。现代城市管理者需要借鉴现代服务业的发展经验，充分依托现代信息通信技术，利用信息技术引领的变革浪潮，以开放的复杂巨系统理论为指导，通过面向服务的科技创新体系的建设，走出科技创新支撑和引领下的现代城市管理之路。

1 文宗川，吴兴阳．基于开放的复杂巨系统理论的智能物流系统发展机理研究 [J]. 价格月刊，2020（4）:77-82.

（3）能源安全及预警领域

我国每年消耗的能源总量达到50多亿吨标准煤，有专家建立了包括能源供给者、能源消费者、经济环境影响、社会环境影响、生态环境影响和安全调控等子系统的能源安全开放的复杂巨系统，并对系统开放性、复杂性、层次性等特性进行分析，最后，利用综合集成复杂系统的问题研究方法，构建了能源安全预警系统，并详细给出了系统的设计和实现方法。为国家能源安全问题的认识、分析和解决提供了理论框架和研究方法[1]，给出了国家能源安全系统图、国家能源预警综合集成研究方法路线图、国家能源安全预警系统流程图，形成了能源安全从系统论到方法论，到信息系统开发的落地，是一个非常好的应用案例。

1 张强.基于开放的复杂巨系统理论的能源安全及预警研究 [J]. 中国科技论坛，2011(2):95-99.

第6章

基于开放的复杂巨系统理论的城市大脑顶层设计

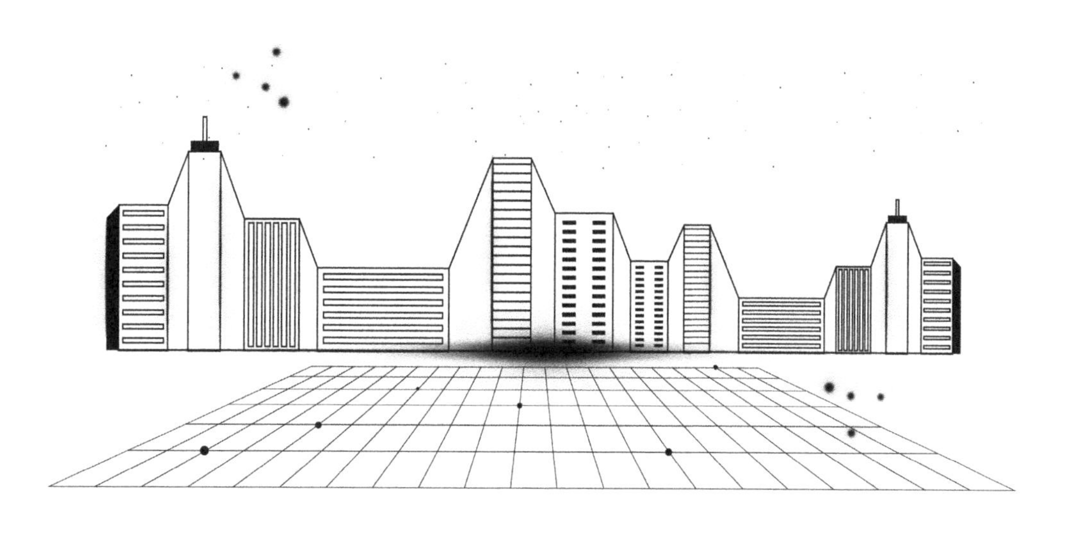

6.1　城市大脑发展是必然趋势

6.1.1　城市大脑内涵

城市大脑是随着互联网类脑化和城市智能化的深度发展，智能单元广泛应用、全面连接，并在与人类社会的持续互动过程中自组织形成的类脑系统。城市大脑系统最终将具备城市中枢神经（云计算）、城市感觉神经（物联网）、城市运动神经（云机器人、无人驾驶、工业互联网）、城市神经末梢发育（边缘计算）、城市智慧的产生与应用（大数据与人工智能）、城市神经纤维（5G、光纤、卫星等通信技术）。在上述城市类脑神经的支撑下，形成城市建设的两大核心：一是城市神经元网络，实现城市中人与人、人与物、物与物的信息交互；二是城市大脑的云反射弧，实现城市服务的快速智能反应。云机器智能和云群体智慧是城市智慧涌现的核心动力，这样，基于互联网大脑模型的城市类脑架构称为城市大脑。

城市大脑有一个比较经典的体系框架——“四三二一”：四是城市划分，符合信息化建设的体系架构；三是业务层级，包括城市级，行业级和企业级；二是两类处理，包括数据处理和平台整理；一是一个计算和操作能力中心。

国内城市大脑的发展历程如下：2016 年 3 月，城市大脑在杭州启动，由杭州市政府主导，包括阿里云在内的 13 家企业参与。城市大脑在诞生之初就已明确了它的使命，就是解决城市“四肢发达，头脑简单”的弊病。2016 年 10 月，在杭州云栖大会上，城市大脑 1.0 版发布，引发了行业内外的广泛热议，当时各方关注的主要问题是城市大脑的作用、架构和它与智慧城市的差异。2017 年 11 月，城市大脑与其他 3 家平台一同入选“国家新一代人工智能开放创新平台”名单。2018 年 5 月，杭州市政府对外发布了《杭州市城市数据大脑规划》，这也是全国首个城市数据大脑规划，时限为 5 年，规划首次确定了城市大脑未来各阶段的主要建设目标和应用领域（交通、平安城市、城管、旅游、医疗、环境、信用）。2018 年 9 月，城市大脑发布 2.0 版。2018 年 12 月，城市大脑（综合版）发布，城市大脑步入 3.0 建设阶段。在一些大城市，基础网络和传感器都已布局到位。随着物联网、通信技术及人工智能的发展，城市大脑将使城市的综合治理再上一个台阶。

在产业界，腾讯推出“WeCity 未来城市”和“城市超级大脑”，阿里巴巴推出“阿里 ET 城市大脑”，华为提出“城市神经网络”，科大讯飞提出“城市超脑”，360 公司提出“城市安全大脑”，这些是利用企业的技术优势与智慧城市建设相结合，形成不同风格和特点的城市大脑建设方案。在产业界，主要认为城市大脑是“基于云计算、物联网、大数据、人工智能等技术，支撑城市运行生命体征感知、公共资源配置优化、重大事件预测预警、宏观决策指挥的数字化基础设施和开放创新平台”。

城市大脑领军城市杭州在《杭州城市大脑赋能城市治理促进条例》中将城市大脑定义为“由中枢、系统与平台、数字驾驶舱和应用场景等要素组成的，以数据、算力、算法等为基础和支撑的，运用大数据、云计算、区块链等新技术，推动全面、全程、全域实现城市治理体系和治理能力现代化的数字系统和现代城市基础设施”[1]。

当前，我国正处在以智慧城市建设为代表的第二次城市治理的范式变革之中。我国智慧城市的建设历经试点探索、试点推广和普遍铺开等阶段，发展日益成熟，但仍暴露了缺乏顶层设计和系统整合、社会协同能力有限等问题[2]，我国智慧城市的建设亟须提升发展质量并进行转型。在这样的背景下，城市大脑作为新型城市运行管理与公共事务治理的工具应运而生。在智慧城市的试点项目中，一个城市的不同领域、不同部门、不同类型的数据被共享交换、集成展现、融合分析和协调利用，城市大脑的雏形逐渐显现。

我国城市大脑建设来源于 2016 年浙江杭州的“数字治堵”实践，随后拓展至覆盖城市治理各大生产生活领域的“数字治城”等实践[3]。截至 2021 年 3 月，我国已经有数百个城市宣布建设城市大脑，阿里巴巴、华为、百度、腾讯、科大讯飞、360、滴滴、京东等数百家科技企业宣布进入城市大脑领域，提出自己的泛城市大脑建设计划。然而，与各地积极开展的城市大脑实践相比，国内城市大脑的理论发展相对滞后，学术界、产业界关于城市大脑定义的意见尚未统一。

城市的全景是由人、企、政、地、物组成的。通过数字空间汇聚社会空间（人、企、政）和城市空间（地、物）的所有数据，职能管理部门可以使用云脑。数据和指标应该来自它们负责的系统每天自动更新，也就是通过城市云脑汇聚到城市大脑，城市大脑才会逐步提高智能化水平，以此通过逐步定义城市大脑的智能化水平做咨询认证体系，以咨询认证带动城市大脑工程建设的总包业务。

6.1.2 城市大脑特征

城市大脑可以被理解为是智慧城市的数据处理与决策中枢，其建设的目标是支撑城市治理

1 杭州市人民代表大会常务委员会 . 杭州城市大脑赋能城市治理促进条例 [Z]. 2020.

2 徐振强，刘禹圻 . 基于城市大脑思维的智慧城市发展研究 [J]. 区域经济评论，2017（01）:102-106.

3 梁正 . 城市大脑：运作机制、治理效能与优化路径 [J/OL]. 人民论坛 . 学术前沿 :1-8.

的整体性统筹、精细化运营和动态管理。城市大脑主要具备以下 3 个特征。

① *智能性*。城市大脑具备类似于人脑的感知能力、思维能力、决策能力等，能够主动地从海量数据中提取有效信息，自主展开分析，自主设计方案，并在方案实施后自主进行评价，而不受其他人的被动支配。

② *可预见性*。与传统的数字化城市治理模式不同，城市大脑不仅能够捕捉城市中当下实时发生的问题，并对其进行及时响应，以便设计和实施准确的治理方案。更重要的是它能够基于积累的数据以及对于城市实况的监控，建立预测模型，对于未来可能出现的问题提前预警。

③ *自我学习性*。城市大脑能够以机器学习作为技术工具，在业务处理的过程中根据积累的数据、经验和案例不断进行自我更新、纠错和进化，达到适应复杂多变的城市环境，不断提升城市治理能力的目的。

2020 年 7 月 2 日，“一网统管”浦东城市大脑 3.0 上线。浦东新区城市运行综合管理中心公布了其五大特点。

（1）治理要素实现全领域、更精细

打开浦东城市大脑 3.0 日常管理界面，全区的实有人口、安全隐患、轨道交通、消防井盖、电力设施等涉及“人、事、物”等治理要素实现全域覆盖。治理要素是构建智能化场景的核心因素，浦东城市大脑迭代升级后实现覆盖公共安全、建设交通、综合执法、应急管理等七大领域，形成治理要素一张总图，实现对数据资源、治理要素的全息全景呈现，使管理变得更精细。

浦东城市大脑 3.0 版本，坚持从群众需求和城市治理突出的问题出发，紧扣“一网通办、一网统管”的原则，始终把人民对美好生活的向往作为奋斗目标，将“人民城市人民建，人民城市为人民”的重要理念落实到建设运行的全过程和各领域，以智能化为突破口，全方位整合城市运行的管理力量，全链条贯通城市运行的管理体系，全覆盖构建智能监管应用场景，全要素建立协同高效的监管模式，努力实现城市治理乱点趋零、安全生产隐患趋零、综合管理应急归零。3.0 版本在治理要素、平台体系、运行体征、智能应用、协同监管上体现了五大提升，打造更精细、更完善、更科学、更智慧、更高效的“一张网”。

（2）平台体系实现全覆盖、更完善

浦东新区城市运行综合管理体系是浦东城市大脑的承载体，随着城市大脑迭代升级的持续推进，城运管理体系也随之不断完善。

在管理体系上，对照“一屏观天下，一网管全城”的工作目标，在“区中心 + 街镇分中心 + 居村联勤联动站”的横向到边、纵向到底，全覆盖、全天候、全过程的城市运行综合体系基础上，率先探索建立城市常态运行 + 应急管理的模式 + 平急融合的指挥机制。

在平台体系上，纵向构建区日常管理总平台 + 街镇智能综合管理分平台 + 村居联勤联动微平台，横向打造专业智能综合管理平台 + 迭代拓展专项应用场景的总体格局。

在场景体系上，按照日常、专项、应急 3 种状态，形成了近 80 个场景，实现了从单一事项小闭环到行业协同大闭环的转变。特别是居村联勤联动微平台使浦东“一网统管”平台覆盖到居村一线、神经网络延伸到百姓身边。例如，周浦镇界浜村运用微平台聚合辖区人、房、企、物各类基础情况，强化数据收集、分析和使用，减少人工重复录入。同时，微平台整合了村委干部、党员、志愿者、楼组长等自有力量，公安、城管、市场监管、安监、法律顾问等协同力量，紧抓居村社会治理顽症，发挥跨部门、跨层级、跨区域联勤联动的优势，强化辖区管理的微自治、微联勤、微联动，并以操作简便的微信小程序为载体，实现主动发现、共治上报、智能发现等事项的自动推送、掌上协同、闭环管理，以及可视化展示处置事项的全过程。

（3）运行体征实现全集成、更科学

遵循“城市生命体、有机体”的理念，树立全周期管理的意识，通过强大的智能化体系支撑，浦东城市大脑 3.0 可以实时、智能、精细感知浦东 1210 平方千米的大地上城市的“心跳”和“脉搏”。依托浦东城运数据中台，整合提取行业领域城市运行管理体征，全量化纳入所有应用场景体征，从中提取最关键、最直观、最核心的 35 个体征，作为区平台重点监管，进一步强化全面感知和态势分析。

（4）智能应用实现全场景、更智慧

秉承“创新开放理念”、打造“共建共享平台”，积极促进社会各界力量参与浦东城市大脑 3.0 版本迭代升级，与行业顶尖企业开展合作，牢牢牵住“智能化”的“牛鼻子”，在“智”字上下功夫，探索运用大数据、云计算、人工智能、区块链、5G、时空定位等最新技术，建立了实战化算法仓和模型库，并充分集成到各专项应用场景中，使场景更智慧、运行更智能、管理更高效。例如，通过智能分析，实现电力能源指数预警，动态掌握市场主体经济的运行情况；通过智能算法，监测违法违规经营，助力打造更好的营商环境；在线智慧创城、智能抓取违法建筑、预警推送车辆超载超限、自动识别小包垃圾等应用场景，体现了城市智能化精细治理，实现了让数据在线上跑得更顺畅，让管理在线下处置得更精准高效。

（5）协同监管实现全联动、更高效

“高效处置一件事”是浦东城市大脑 3.0 版本追求的效果导向，建立“一个平台 + 两个闭环”的运行模式，即“协同监管平台”“单一事项处置小闭环到行业联动监管大闭环”，以“用数据说话，用数据分析”推动跨层级、跨地域、跨系统的协同管理和服务。例如，车辆违法超限超载，通过智能采集货车路面行驶信息，城运中台进行数据分析和智能交换，区城管执法局、区建交委、区城运中心、属地街镇等多部门实时共享管理数据，后台无缝切换，开启多部门联合治超和非现场治超的新模式。

6.2 城市大脑研究现状与问题

在城市大脑产业实践不断发展的前提下，城市大脑的理论研究应当如何从实践中总结升华并且进一步指导实践就显得尤为重要。本节结合文献计量学分析工具——Citespace 对城市大脑 2012—2022 年的相关文献进行关键词分析，关键词的总体数量特征可以在一定程度上反映该学科领域的主题分布[1]，可以客观地展示我国城市大脑领域的发展态势与研究热点，并且为理论服务实践提供重大帮助。中国城市大脑领域研究热点的可视化图谱如图 6-1 所示。

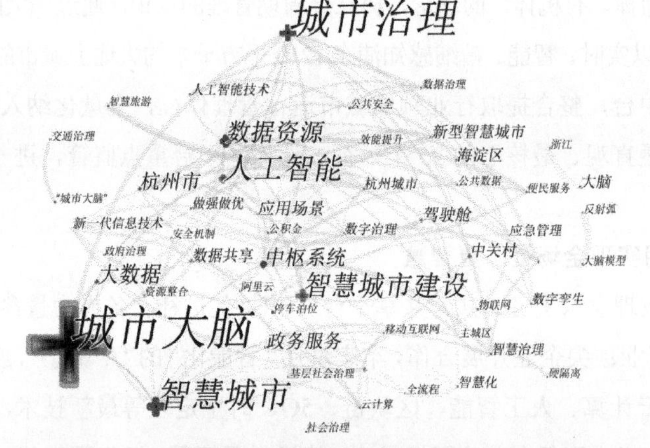

图 6-1　中国城市大脑领域研究热点的可视化图谱

由可视化图谱我们可以直观看出，城市大脑的研究视角多种多样，“城市治理”“数据资源”“人工智能”“智慧城市”“智慧城市建设”“中枢系统”等关键词明显反映了城市大脑领域的研究热点。

有学者在回顾城市大脑的起源与发展背景的基础上，进一步描绘城市大脑的未来发展趋势，最后提出新一代城市大脑的建设方法与步骤[1]。也有人认为可以通过构建“四大核心平台”，赋

1　刘锋．城市大脑的起源、发展与未来趋势 [J/OL]. 人民论坛·学术前沿 :1-14.

能“七大协同场景”，实现对城市治理和信息服务领域的全面覆盖，因地制宜地推动城市大脑加快落地实施[1]。有学者指出传统智慧城市中的信息获取和信息处理不能满足城市精细化管理的要求，需要将全球定位系统、遥感、地理信息系统与城市大脑有机结合，才能有效实现城市的精细化管理[2]。某研究指出，城市大脑通过一体化的中枢系统和数据智能处理，支撑数字经济、数字民生、数字政府的融合创新，进一步释放数字红利，在城市管理领域形成百花齐放的应用场景，提升城市治理能力、城市服务能力、产业发展能力，推进城市治理体系和治理能力现代化[3]。有学者在界定城市大脑的概念与起源后，重点分析苏州市城市大脑的建设案例，总结出以下4点经验，即优化建设城市大脑整体架构，拓展和深化应用；营造参与建设城市大脑氛围，人人参与城市动态管理；推动“城市管理”向“城市治理”转变；建设城市大脑试点实施[4]。

合肥市通过城市大脑建设，实现数据资源的有效赋能，让城市更加安全、便利与高效，“互联网+政务服务”平台实现市、县、乡、村四级覆盖，提高城市的承载力，全面打造新型智慧城市，向着数据强政、惠民兴业的典范城市阔步迈进[5]。有学者从微观技术的层面出发，以杭州城市大脑为例，探索将人工智能嵌入应用政府治理的实践、机制与风险架构，指出实现智能治理应在开放理念的指导下，做好数据归集融合、智能治理平台接入、政企协作和规划引领。为避免其风险，应先立法、健全防控体系、建立多元开放治理机制和开展全球合作[6]。对城市大脑相关文献进行梳理，不仅有利于加深对城市大脑的理解，更有利于为接下来的城市大脑顶层设计提供思路。

6.3 城市大脑是一个开放的复杂巨系统

6.3.1 城市大脑系统的复杂性

随着研究的深入，智慧城市新的建设形式——城市大脑、数字孪生城市、人工智能城市应

1 胡坚波．关于城市大脑未来形态的思考 [J/OL]. 人民论坛·学术前沿 :1-8.

2 姜春雷 .3S 大数据和城市大脑赋能的智慧城市精细化管理 [J]. 智能建筑与智慧城市，2021（1）:53-55.

3 陈宝仁．城市大脑助力城市治理智能化转型升级 [J]. 城市管理与科技，2021，22（1）:35-38.

4 张建芹，陈兴淋．我国城市大脑建设的实证研究——以苏州为例 [J]. 现代管理科学，2018（6）:118-120.

5 陈睿．城市大脑：合肥市智慧城市建设初探 [J]. 软件和集成电路，2019（10）:30-32.

6 本清松，彭小兵．人工智能应用嵌入政府治理：实践、机制与风险架构——以杭州城市大脑为例 [J]. 行政学院学报，2020（3）：29-42+125.

运而生。其中，近两年城市大脑的建设发展比较迅速，顾名思义，城市大脑是通过数字化、智能化技术让城市能够自主决策、产生更高阶的智慧，这是智慧城市的建设新载体。随着新型基础设施的建设深入推进，作为城市新基建的城市大脑越来越受到业界的关注。

本节在研究智慧城市本体的过程中涉及以下9个维度。

第一维度，哲学的层次。可以分为宇宙论、本体论、认识论和方法论。

第二维度，认知的层次。从微观到宏观可以分为数据、信息、知识、智慧4个层次。本书提到智慧城市的"智慧"就是将智慧赋予其城市内涵。基于数据的治理和高效利用，形成有用的信息，从而形成城市的知识，进而形成城市的智慧。

第三维度，人的需求层次。人的需求层次参考了马斯洛的需求层次理论，依次为安全、生活、社交、被尊重和自我实现，人将安全作为最基本的需求。

第四维度，社会的技术经济演进。城市大脑是数字经济在智能经济时代演进过程中的必然产物。

第五维度，城市的社会系统。社会系统对应城市中各类利益相关者，包括市民（含流动人口）、企业（含事业单位、社会团体等）、城市管理者（行政机构、立法机构、司法机构）等各方的利益诉求和管理体系。

第六维度，城市的空间系统。城市的物理系统包含城市的3层空间，包括地下空间、地面空间和城市上空的物理实体，城市的各种水系、管线设施，包括电力系、自来水、燃气、排水、交通等以有形网络形式存在的设施。

第七维度，城市的数字系统。数字系统是数字化传感设施、互联网、物联网、数据的采集与利用、数字孪生空间等。

第八维度，城市的关联系统。城市与城市之间的人口、物流、资金流、信息流和生物流都是紧密相连的关系系统，城市的数据最后要汇聚到省级大数据中心、国家大数据中心，才能为城市的人口、企业提供更好的服务。人员的流动也带来了治安管理、就业管理等难题，需要城市管理者从更宽的视野审视所治理的城市。

第九维度，城市的思维系统。如果我们把城市视作一个生命体，其本身也有思维，城市有了自主的思维和自主的决策，才能更好地运转，面向从数字经济到智能经济的发展，城市大脑系统是一个从弱到强的过程。

因此，这9个维度已经充分说明，智慧城市是一个复杂巨系统，维度非常多，当前仅仅以ICT为基础的维度难以支撑智慧城市的发展，必须对它进行降维才能准确把握它的本质。

本书认为城市这个复杂巨系统是难以直接被人们探索出规律的，应该从简单系统入手，然后向简单巨系统和复杂巨系统逐步深入研究，亦步亦趋。对待城市复杂巨系统的规律认识和工程建设要能从简单系统向简单巨系统、复杂巨系统演进。

从简单巨系统的角度来说，4个子系统也都有自身的细分子系统。如果再往下细分就会形成成千上万个子系统，并且要在这些子系统之间开展协同就会形成复杂巨系统。实际上，无论是人类大脑的认知水平，还是计算机的解析水平，都是从简单到复杂的过程。从工程实施的角度来说，智慧城市建设体系将咨询设计服务、基础网络提供、硬件产品提供、软件服务、运维运营服务进行了有效的融合，从分层架构、数据中台到城市大脑，将城市众多的子系统和服务打通、集成，成为智慧城市建设的实质性工作，城市信息化系统逐步集成和壮大，智慧城市向着协同的复杂系统方向发展[1]。

本书在研究的过程中从钱学森开放的复杂巨系统的角度将城市分为城市空间、数字空间和社会空间三大系统，每个系统又可以分为众多的子系统，围绕智慧城市的城市大脑形成互相交织、相互影响的关系。

智慧城市的趋势是以城市大脑为载体的城市空间、数字空间、社会空间的整合，过去10余年，智慧城市的研究与建设将大部分的精力放在了数字空间中的ICT技术上（智慧地球的理念需要中国化扩充），未来数字空间将主要以数字孪生应用场景为牵引，促进城市空间的规划、建设、优化（新城侧重规划、老城侧重优化），核心满足社会空间自然人（全生命周期）、法人（产业）、城市管理者（可管可控精细化治理）三者利益的平衡。

智慧城市是一个非常大的产业，如果能从科技的层面将本体论、认识论、方法论加以理论创新与实践创新，就能通过整个智慧城市产业带动产业链上下游的持续创新与发展，拉动我国半导体芯片、软件开发、操作系统等领域的投入。智慧城市的建设、企业的信息化建设越来越多地呈现巨系统的特点，产业生态化特点越发明显，需要智慧城市研究型咨询公司、操作系统厂商、多维地理信息系统厂商、软件开发厂商、建筑规划设计公司、IT设备生产制造公司、云计算服务公司、人工智能开发公司等一系列的智慧城市生态系统厂商进行多方合作，共同在开放的复杂巨系统的设计架构下持续进行迭代开发。因此从这个角度分析，城市管理者可以把智慧城市当作一个产业来培育。

城市创造了巨大的经济价值，建设好智慧城市是发展数字经济的基础与重要任务，面对新基建大潮，在智慧城市建设中，传统的线性、平面的信息化思维要向复杂巨系统思维转变，从而才能升级智慧城市的顶层设计版本。

1　娄欢．从复杂集成系统到和谐生命体——智慧城市的演进前景 [J]. 中国电信业，2020（5）:70-71.

6.3.2 城市大脑复杂管理科学系统特征

城市管理属于公共管理范畴，基于复杂系统演进的复杂管理科学是认识和管理组织、群体行为的一种理论体系和实用工具。城市大脑的复杂管理科学系统特征如下。

（1）复杂性

社会层面上的复杂系统是具有思维能力的人介入其中的复杂系统，智慧城市的介入主要是城市管理者、城市企事业单位、城市居民，各方的利益诉求不尽相同。从时间轴分析，城市管理者为城市发展制定中长期发展规划、年度计划和政策举措，这些对企事业单位和城市居民产生深远影响。企事业单位的生产经营对城市的发展会带来环境的影响、经济的影响、劳动力的影响等。城市居民对城市的发展寄予厚望，其生命周期内在消耗城市资源的同时又贡献着自己的力量，这些因素交叉在一起形成了社会系统，同时，这个系统也是开放式的，因为城市受上级行政管辖等，与自然环境、相邻地区不断交换着能量和资源，这些复杂性是都是智慧城市巨系统要面临的挑战。复杂性决定了智慧城市的分析维度过多，需要用先降维再升维的思路解决智慧城市的建设问题。

（2）随机性

城市系统中的所有个体，包括管理者、企事业单位、民间团体组织、家庭、自然人个体行为均具有随机性、不确定性和非线性。个体之间相互影响、不断进化，系统本身及其组成部分受环境影响，即随环境的变化而变化，反过来，系统又影响环境。在数字经济时代，信息传播速度是秒级的，城市每天发生的事件都在互联网上快速传播。城市中所有自动化的软硬件设施的可靠性也不是100%的，总有差错概率，这些都是随机性的源头。随机性发生的范围、时间、地点不可知，智慧城市要面对的是将这种随机性的影响降低到最小。城市管理越有序，这种随机事件发生的概率、等级就会越小，从无序到有序的过程就是用好智慧城市的生产力。城市内要素发展的随机性决定了城市要具备容错机制。

（3）结构性

复杂系统具有多层次结构，城市也是如此，经济结构、产业结构、空间结构、地区规划结构、发展次序结构、管理结构、城市大数据分布结构等，每一种结构从内部看都有一定的线性关系，但是放在复杂系统中又变成非线性关系。每个结构层次的经济利益通常并不一致，需要协调。城市中有主导产业和支撑产业，城市企业存在发展差异，有现代化的开发区也有待升级的老城区。城市的结构特点决定了城市管理需要高度协同。

（4）自组织性

自组织是指系统中许多独立的个体在没有任何人为的策划、组织、控制下，进行的相互作用、相互影响、自然演化的自适应过程。自适应性是指复杂系统应对变化的环境所进行的自我调整，包括制定的法律法规、规章制度、团标标准、社会群体、有影响力的公众人物、具有社会责任感的企业等。自组织性决定了智慧城市的建设需要采用众包、公共资源采购、公共私营合作制等多种社会化建设与参与模式，通过市场化规则让智慧城市建设这一项活动更有生命力和可持续性。

6.3.3 智慧城市的复杂系统结构

在建设智慧城市的过程中，需要对其进行降维分析，找出关键的维度，对各维度进行分类，在智慧城市复杂、无序、熵增、非线性中找到复杂“吸引子”，并找到以数字孪生实施的显性化载体，从时间维度、空间维度、服务对象维度关注智慧城市长期演进的方向。

（1）多维价值关系

智慧城市具有复杂系统的特点，城市首先要以人为本，满足城市管理者、企业法人、自然人3类人群的需求；在时间序列上，满足工业经济时代、数字经济时代、智能经济时代的可持续发展；在空间要素上满足上层空间、地面空间、地下空间的发展诉求；在数据要素上适应应用层、数据层、平台层、采集层这4层结构。集中体现生活价值、生产价值、文化价值、产业价值、辐射价值。智慧城市系统的多维价值关系见表6-1。

表6-1 智慧城市系统的多维价值关系

维度	分类	生活价值	生产价值	文化价值	产业价值	辐射价值
利益人群	城市管理者	*****	***	*****	******	******
	企业法人	****	******	***	******	***
	自然人	******	***	*****	***	**
时间序列	工业经济时代	***	******	**	*****	*****
	数字经济时代	*****	******	***	*****	*****
	智能经济时代	******	******	*****	*****	*****
空间要素	上层空间	*****	****	***	****	*****
	地面空间	*****	****	***	****	*****
	地下空间	*****	****	***	****	*****

续表

维度	分类	生活价值	生产价值	文化价值	产业价值	辐射价值
数据要素	应用层	*****	*****	***	*****	****
	数据层	**	*****	***	*****	****
	平台层	**	*****	***	*****	****
	采集层	***	*****	***	*****	****

（2）复杂“吸引子”

“吸引子”是系统科学论中的一个概念。一个系统有向某个稳态发展的趋势，这个稳态称为吸引子。吸引子分为平庸吸引子和奇异吸引子，对智慧城市来说，复杂吸引子就是城市这个复杂巨系统在呈现混沌、复杂、无序、熵增、非线性的同时，还存在复杂吸引子现象。新型智慧城市以人为本，城市管理者关注的是财税收入与决策执行；企业法人关注的是营商环境和产业集聚；自然人关注的是城市服务和生活品质，由此形成一定的吸引子和决定要素。对城市来说，一家世界500强企业、一个国家级开发区、一个核心商圈是奇异吸引子，带动地方财政收入、居民就业、交通等一系列价值的增值。城市中的普通社区、园区则形成平庸吸引子。这些吸引子是不同智慧城市系统的重要组成部分。

（3）未来10年城市发展路径：在数字空间再造一个城市

在人工智能城市到来之前，智慧城市属于数字经济范畴，还需要用10年时间建设智慧城市，依靠数字孪生技术再造一个城市，具体实现路径包括可以采用BIM、CIM、VR/AR等技术，将物理世界的活动程序（政务信息化和企业信息化）进行数字化映射。

6.3.4 城市大脑巨系统框架与机制构建

总体说来，智慧城市系统的复杂性体现在技术经济演进、城市价值、主体系统、产业系统、环境系统、政策承接与地区协同相互作用的复杂性，通过降维的思路可以总结为时间维度、价值维度和空间维度。时间维度是指城市演进的方向是从工业化城市、数字孪生城市到人工智能城市；价值维度是满足三大主体的需求；空间维度则是城市三层空间的管理，从而形成了三大子系统，它们与复杂多变的环境系统建立约束与适应关系，通过系统管控手段使各子系统达到各自的目标，最终实现城市的可持续发展目标。城市大脑复杂巨系统如图 6-2 所示。

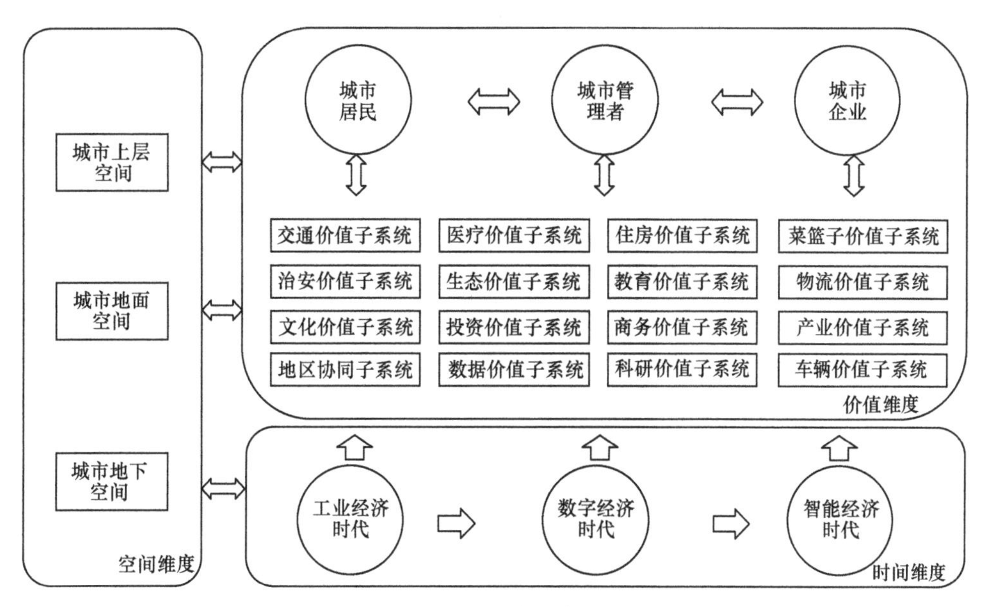

图 6-2　城市大脑复杂巨系统

围绕智慧城市复杂巨系统需要构建相应的实施机制，虽说是“一城一策”，但是智慧城市的总体发展方向和需求内核是类似的，否则就失去了策略研究、标准化的意义。“一城一策”是权宜之计，基于本质认知的长远设想是城市发展的思想源泉。如果将城市比作一家大型企业，企业管理有计划、组织、指挥、协调、控制等环节，智慧城市发展也有相应的环节。计划是由智慧城市发展愿景、顶层设计、滚动规划、年度任务构成的；组织体现在所在城市的最高管理者组建的智慧城市建设指挥中心，其属于“一把手”工程，能够明确主体责任；指挥由地方条例、指导意见、年度考核办法等组成；协调依靠的是以建设项目需求为出发点的各个部门之间的政令互通、流程协同、数据共享；控制包括规划评估、智慧城市审计、项目后评估。

总之，智慧城市复杂巨系统是一个循序渐进发展的过程，掌握了其中的规律才能事半功倍。

6.3.5　城市大脑开放的复杂巨系统经验假设

按照开放的复杂巨系统研究方法，首先要提出经验假设，这一步是定性的认识，但可用经验性数据和资料以及几十、几百、上千个参数模型对其确实性进行检测。由经济学家、管理专家、系统工程专家等依据他们掌握的科学理论、经验知识和对实际问题的了解，共同对上述系统经济机制（运行机制和管理机制）进行讨论和研究，明确问题的症结所在，对解决问题的途径和方法做出定性判断（经验性假设），并从系统思想和观点把上述问题纳入系统框架，界定系统的边界，明确哪些是状态变量、环境变量、控制变量（政策变量）和输出变量（观测变量）。这一步对确定系统的建模思想、模型要求和功能具有重要的意义。

6.3.6 智慧城市系统动力学建模

根据开放的复杂巨系统的建模方法，将一个实际系统的结构、功能、输入—输出关系用数字模型、逻辑模型等描述出来，用对模型的研究来反映对实际系统的研究。建模过程既需要理论方法，又需要经验知识，还要有真实的统计数据和有关资料。

系统动力学（System Dynamics，SD）是美国麻省理工学院福瑞斯特教授首创的一种使结构、功能、历史相结合的系统仿真方法，它通过建立 DYNAMO 模型并可以借助计算机仿真，定量地研究高阶次、非线性、多重反馈、复杂时变系统的系统分析技术。最初，SD 是福瑞斯特教授于 1958 年为分析生产管理及库存管理等企业问题而提出的系统仿真方法，SD 被广泛应用于工业企业管理领域，因此被称为“工业动力学”。随着 SD 应用领域的不断扩大，其名字逐渐被“系统动力学”代替。

SD 是将系统的运动假想成流体运动，使用因果关系图和系统流程图来标识系统的结构，系统中因素之间的具体数量关系通过线性或者非线性微分方程表示。

智慧城市领域的 SD 现有研究成果较少，王衍臻提出了根据系统动力学的理论和方法，构建了城市空间 SD 过程模型，揭示了空间结构—空间认知—空间行为—空间过程—空间结构的演化过程。提出城市空间数据在时间、空间和过程上分为不同的层次，具有时态特性，构建了城市空间信息系统动力学过程模型，进而得出城市空间信息系统动力学演化机理。在此基础上，构建了空间信息基础框架数据库动态稳定模式，实现了数据库的动态稳定性。同时，保证了各部门共同建设和分享一个框架数据库，避免了每隔几年就需要大规模修测城市地形数据库。新的工作流模式的应用，改变了传统粗放式的管理模式[1]。李晓英提出了智慧城市发展的系统动力学模拟及政策建议，从城市宏观环境、智慧基础和相关利益诉求 3 个方面分析了智慧城市建设

1 王衍臻，石金峰，宋伟东 . 城市空间信息系统动力学演化机理与应用 [J]. 辽宁工程技术大学学报：自然科学版，2005，24（4）:492-495.

发展的影响因素 [1]。本书提出的城市空间、数字空间和社会空间从很大程度上也分别包含了以上三大方面，可以说是不谋而合。

（1）确定智慧城市建模目的与生态模型

构建智慧城市 SD 模型，最重要的一步就是明确目的，只有明确智慧城市要解决的问题，才能找到建立模型的关键指标。因此，针对所要研究的问题，分析智慧城市的影响因素，明确所研究的智慧城市问题涉及的关键变量，确定模型边界。智慧城市生态模型与边界如图 6-3 所示。

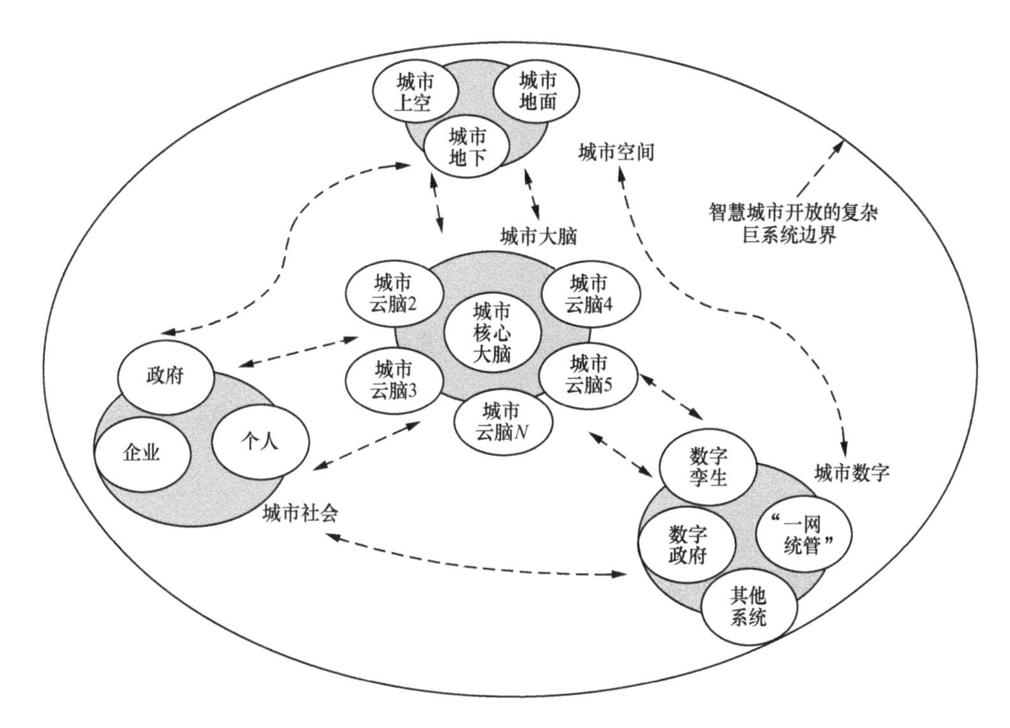

图 6-3　智慧城市生态模型与边界

（2）智慧城市因果关系

根据所要研究的智慧城市实际问题，分析影响智慧城市因素之间的相互影响关系，将系统中的各个变量通过因果关系联系起来，建立一个足以解决智慧城市问题的因果关系图。

智慧城市因果关系如图 6-4 所示。

1　李晓英 . 智慧城市发展的系统动力学模拟及政策建议 [D]. 南京 : 东南大学，2016.

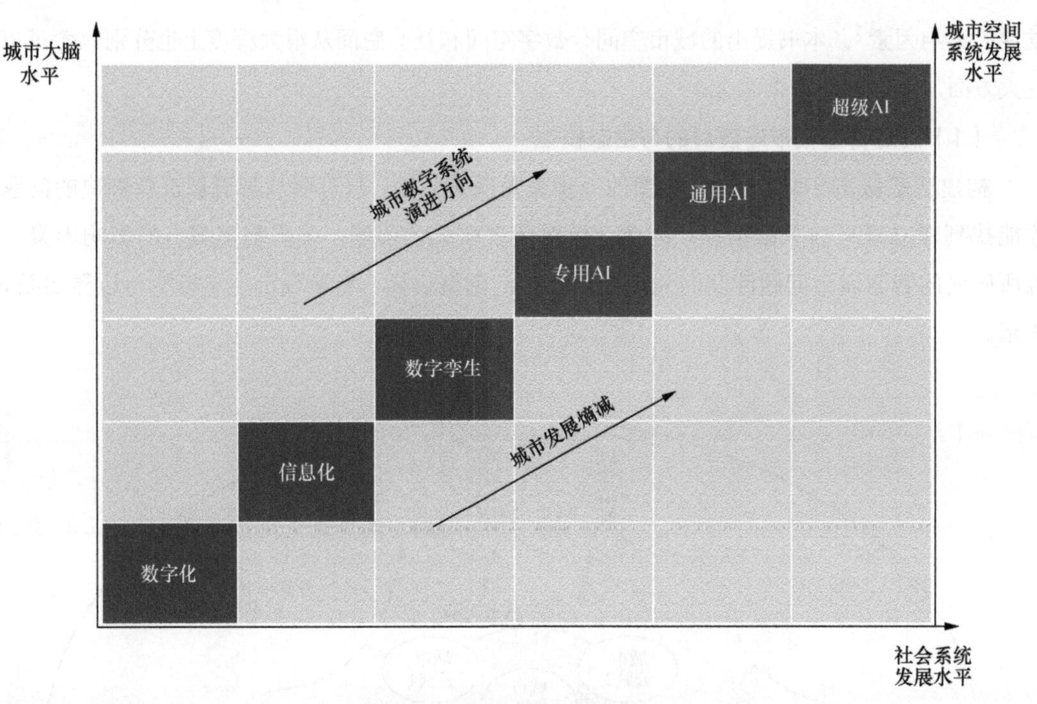

图 6-4 智慧城市因果关系

基于智慧城市因果关系，可以考虑智慧城市各变量之间的深层次关系，从而得出进一步表达系统背后物理结构的存量流量模型。

6.4 城市大脑的横向架构

6.4.1 城市大脑横向总体结构

2021 年 10 月，中共中央办公厅、国务院办公厅印发了《关于推动城乡建设绿色发展的意见》（以下简称《意见》），并发出通知，要求各地区各部门结合实际认真贯彻落实《意见》提出的创新工作方法，推动城市智慧化建设，建立完善智慧城市建设标准和政策法规，加快推进信息技术与城市建设技术、业务、数据融合。开展城市信息模型平台建设，推动建筑信息模型深化应用，推进工程建设项目智能化管理，促进城市建设及运营模式变革。搭建城市运行管理服务平台，加强对市政基础设施、城市环境、城市交通、城市防灾的智慧化管理，推动城市地下空间信息化、智能化管控，提升城市安全风险监测预警水平。完善工程建设项目审批管理系统，逐步实现智能化全程网上办理，推进与投资项目在线审批监管平台等互联互通。搭建智慧物业管理服务平台，加强社区智慧化建设管理，为群众提供便捷服务。

6.4.2 城市大脑整合三大空间

智慧城市的核心是城市大脑，城市大脑的智慧水平代表智慧城市的建设水平，城市大脑并不是孤立的系统，而是整合了城市空间、城市社会、城市数字三大系统，城市大脑的本质是为城市提供自动化协同、高等级决策、数据融合、城市安全风险监测、智能化管控等服务，这是广义上的城乡绿色发展思路。从狭义上来说，城乡绿色发展首先是发展能耗低、低碳、循环经济。例如，2021 年 7 月，杭州市萧山上线运营“双碳大脑”，接入 2500 家规模以上企业。当地政府和供电公司可据此对相关企业的油、煤、气、电等数据开展末端追踪，实现工业碳耗全流程分析和精准掌控。

（1）城市空间系统

城市空间系统是指城市地下空间、城市地面空间和城市上层空间三大部分，包括市政基础设施、工业建筑、商业建筑、居住类建筑、城市的水系、城市的园林绿化等，它们形成城市环境的统一体，城市空间系统属于城市规划、建筑规划设计范畴，当前的城市发展遇到的诸如“道路拥堵”“内涝”等问题都与城市空间系统的建设与运行维护有关。城市空间系统的科学规划不仅要根据主体功能区规划，还需要将未来信息科技趋势、建筑科技趋势、综合管廊趋势、交通发展趋势等进行融合规划。

城市的未来发展是朝着三大空间延伸的，城市的三大空间可以通过数字空间技术汇聚到城市大脑，通过仿真模拟未来城市的人口聚集情况、商业聚集情况、城市最高雨量情况，相应地制定交通规划、产业布局、城市排水系统承载力设计等。尤其是城市地下空间，亟须通过 CIM 映射地面管线情况并进行统一规划与管理，从而保障燃气管道安全、水务安全、用电安全等。

随着城市化进程加快，城市向城市上空与城市地下资源延展。城市地下空间信息模型（UIM）是城市地下空间的信息基础设施，如何更好地利用好、管理好城市地下空间呢？本书为整体规划模型提出新的思路，供各行业交流和探讨。

① 基础设施信息模型开发的必要性

城市地面空间开发余量有限。我国大部分老城区已出现交通拥堵、城市基础设施支撑能力下降等问题，对地下空间的开发能够有效缓解老城的现实问题。

城市地下空间“信息孤岛”问题亟待消除。当前，电力、通信、燃气、给排水等城市地下管线管理方分属不同的部门、企业，形成了“信息孤岛”，地下空间越来越拥挤，导致地下管线经常有被挖断或施工受阻等问题，亟须通过实行统一的规划、设计、建设和管理，改变各个管道各自建设、各自管理的零乱局面。

城市地下交通规划需要重新整合数据。在当前大交通的理念下，城市地下交通与城际高铁、地铁形成了大交通趋势，城市通过地下隧道的方式建设了越来越多的快速路，这些快速路也是未来城市全面走入地下的雏形。同时，城市地铁在规划时也需要与城市楼宇的地下层、车库之间存在接驳和参照关系，避免地铁震动扰民、对建筑地基的损害，这就需要建立城市地平面以下的空间模型。

解决城市内涝需要建立地下蓄水系统。我国的部分城市在夏季容易发生内涝，而且随着人口密度的增长和城市的扩展，这种趋势有增无减。而从英国、德国、日本等国家的情况来看，地下宫殿式的蓄水、排水系统是必然趋势，面向海绵城市的地下给水、排水系统的规划和设计需要有完整的城市地下空间模型。

② 基础设施信息模型开发的可行性

城市地下空间信息模型的总体理念。城市地下空间信息模型基于物联网技术，面向城市地下空间资源规划的发展趋势，充分管理好、利用好城市地下空间，为市民的生活腾挪出更多的自然空间，顺应自然规律，减少城市交通污染、水泥地面对地表自然环境的侵害。

开发环境。当前行业内已经有 BIM、ArcGIS+Engine 地理信息系统、OpenGL 等开发环境，在此基础之上，与数字孪生城市相结合，可以完成整个城市的物理环境与数字环境的映射和同步，在一个统一的平台上展现城市的地下基础设施和地质条件。

③ 基础设施信息模型的实现路径

第一步：将城市地下空间数字化。传统的数字城市侧重于政务信息化、地理信息系统、无线城市、光网城市建设，是初步的数字化应用。随着 BIM、图形呈现技术的发展，数字孪生将城市活动和城市物理环境全部实现数字化，并映射到数字世界中。城市的数字化给城市带来的是数字资产，它与矿产资源不同，它可以被无限次重复使用，从而发挥最大的价值。

第二步：互联网与物联网，打通城市空间与数字空间。互联网使人们的活动得以数字化，打通了人和人之间的快速交互；物联网使物理世界得以数字化，打通了数字世界与物理世界之间的通道。物联网在技术经济的发展演进道路上处于数字经济的中期阶段，是物理世界数字化之后的阶段。借助现有的通信网络、互联网通道，采集现场数字化信息，将“互联网—人—互联网”的交互模式改为“物—互联网—物”的模式。在这个过程中，人的作用是不断提升这种交互方式的技术水平、经济价值、应用功能，这也为2030年之后智能经济形态下的社会做好基础铺垫。

第三步：建立城市地下信息基础设施的大数据系统。当前，我国城市地下管线的总长度已经超过200万千米，且每年仍以10万千米的速度增长。这些管线的建设数据、状态数据、维护数据等形成了海量数据，现有地下空间基础设施将逐步转变为综合管廊的形式，城市地下基础设施将通过综合管廊的升级改造而具备更多的智能感知、数字孪生的功能。城市地下是宝贵的空间资源，城市地下空间的规划、设计、施工、维护均需要一套以数字孪生为基础的大数据系统，来实现多规合一、协同规划和协同建设。有了这套大数据系统，才有了人工智能城市的基础。

建议通过理念的更新带动整个社会技术的升级和革新，智慧城市应以政府为主牵头单位，实现生态化、协同化、社会化，带动全行业参与、共创共赢，而城市地下信息基础设施模型将是这一方向的重要载体。

（2）城市社会系统

《意见》中提到，加强社区智慧化建设管理，为群众提供便捷服务是对市民生活服务提出的供给侧政策。城市社会系统在对私人数据的利用及保护和城市管理对数据的高效利用之间需要找到平衡点，自然人对城市污染、内涝、基础设施安全的关注是城市绿色发展首先要解决的问题。企业法人需要发展，对用能的诉求是合理合法的。城市的绿色发展要平衡好三者之间的利益，不能仅从城市管理者的角度考虑问题。

（3）城市数字系统

未来，城市数字空间的发展要依靠BIM、CIM、智能视频监控为代表的数字技术，数字技术为城市大脑提供了图形化感知和操作界面，对于解决城市问题带来了新思路。例如，当一个交通路口南北向车流量很大，而东西向车流很小的时候，向城市大脑传回智能视频数据，经过城市大脑算法分析实时反馈红绿灯等待时长、调整数据，从而优化路口的交通情况。

第7章

城市大脑

系统架构

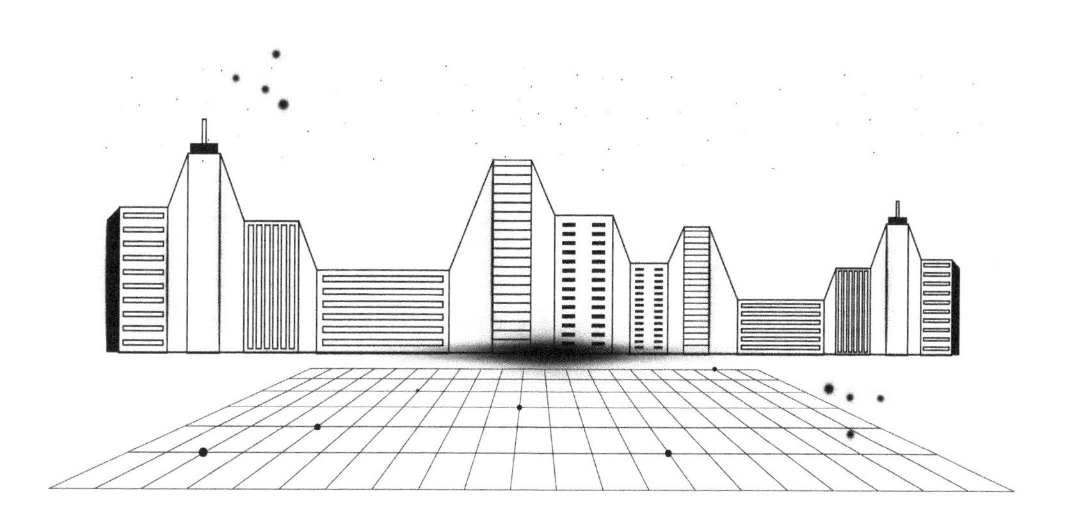

7.1 某城市大脑建设概述

7.1.1 建设目标

城市大脑是通过先进的技术，依托云平台，通过对海量数据的整合、关联、挖掘和分析，以大数据集中推进业务大协同，为城市运行管理提供更科学的监测分析和预警决策能力，提供更高水平的智能执行能力，促进跨部门、多层级和异地合作能力协调发展，推动城市管理行为向跨条线、跨部门协同模式转变，逐步建立起以信息为核心、以事件为驱动的新型城市智慧管理中心，具体建设目标如下。

（1）建设数据中枢

强化数据资源归集。基于城市已经建设的基础库，持续完善人口、企业法人、空间地理、宏观经济等基础数据库，进一步推动政务领域数据汇聚，完善公共服务、社会保障、安全生产、生态环保等主题数据库。分阶段打造经济领域、政治领域、文化领域、社会领域、生态领域等专题库。按照城市统筹、两级部署的原则，支持各区（县）建立区（县）级基础数据库和主题数据库，满足各区（县）业务应用创新和个性化发展需求。加强政务数据和社会数据汇聚融合，构建跨领域、跨部门、跨层级的数据资源池。开拓数据采集渠道，形成由政府、社会、企业等多方参与，行政收集、网络搜集、有偿购买、无偿捐赠、传感采集等多种方式构成的数据资源归集体系，增强城市数据资源的基础支撑能力。

加强数据资源治理。研究制定城市数据资源治理规范，明确数据资源的定义、范围、采集和存储方式、筛选标准、清洗规则等内容。推动市级各部门开展数据资源梳理、数据资源目录编制及更新维护等工作，加快构建全市动态更新、共享校核、权威发布的政务数据资源目录体系。建立数据溯源和跨部门数据质量纠错反馈机制，对共享数据进行规范性检查、前后一致性比对、综合校验，推动数据资源安全有序共享和高质量开放利用。

推进数据共享交换。优化城市数据共享交换平台，构建形成互联互通的国家、省、市、县四级数据共享交换体系。建立由大数据管理部门牵头协调的数据共享交换调度机制，按照“需求导向、任务管理、按需共享”的原则，实行数据使用部门提需求、数据归属部门做响应、数据共享管理部门保流转，统筹调度从汇聚到共享应用的全市数据资源，统一管控数据共享、交换、开放流程中的所有行为。完善城市统一的数据共享交换规则与流程，明确可共享数据的类型及范围、不可共享数据的类型及说明、数据需求清单等内容，确保各部门数据共享交换合理有序。建立数据共享交换考核评估机制和管理办法，对各部门数据共享情况进行考核评估，以评促建，推动数据共享工作取得实效。

深化数据开发利用。谋划建设城市安全可控大数据算力中心，面向政府、企业和个人统一对外提供城市级基础数据服务。建设城市大数据应用服务平台，构建分类数据标签，提供数据管理、挖掘、分析与可视化等服务，为各部门、各区（县）开展城市治理和公共服务等领域重点智能应用提供有力支撑。建立城市统一的数据筛选标准、数据审查机制、数据发布规则和数据开放流程，确保数据安全有序开放。优化升级城市数据开放平台，加强与国家政府数据统一开放平台、省数据共享交换平台的对接，围绕重点领域有序向社会提供数据资源开放服务。鼓励企业和行业协会、研究机构等利用公共开放数据和互联网数据等进行汇聚整合、深度加工和增值利用，探索形成一批集智创新的数据产品和服务解决方案。

（2）建设城市能力中台

建设时空地理中枢。全面整合各部门的地理信息资源，建立地理信息服务体系，为各级政府部门和企事业单位提供快速、多元的地理信息服务，为重大决策、数字应用建设、应急指挥、社会公众等提供统一、权威的空间定位基础，为个人提供网上地理信息查询服务，面向个人提供科技、交通、旅游等公益性信息服务，提供二维地图和三维地图服务，一张图呈现人、地、事、物、组织的所有资源信息，支持丰富的二维、三维应用。

建设智能中枢。接入视觉、语音、自然语言处理等方面的算法能力，提供算法管理和开放等功能；构建人工智能服务平台，实现算法模型和算法能力的场景式编排，并向应用提供服务接口，支撑人工智能场景应用建设；加快探索城市服务、城市治理和城市决策等领域应用场景，实现智慧城市基础平台“智力”赋能。

建设感知中枢。规范并牵引提供各种城市设备的连接和管理，支持海量多源异构的城市级实时信息资源的聚合、共享、共用。为新型智慧城市打造一个高效、便捷、安全、舒适的智慧感知空间，实现面向城市全域感知、资源共享、统筹管理、协同管理，支撑城市形成有序、运转更加高效的管理机制。

建设融合通信中枢。通过丰富的开放接口，平台可以与视频监控系统、视频会商系统、无线集群通信系统、公共电话系统等对接，用于日常事件、应急事件的统一接报和统一调度指挥联合行动，为城市的可视化指挥管理提供强有力的保障系统，各政府部门之间加强配合与协调，从而对特殊、突发、应急和重要事件做出有序、快速而高效的反应。平台既能满足日常可视调度的需要，又能在突发事件发生时，完成多部门的协同作战，完成紧急救援和重大事件处置的任务。融合通信平台主要包含融合音频调度系统、可视视频调度系统、视频监控系统和通信应用系统四大子系统。

（3）建设智慧城市运营中心

建设实体智慧城市运营中心，需要打造城市大脑数据与业务应用集中展示和操作的载体，建设城市运行综合监控、展示、指挥、决策的实体中心。建设智慧城市运营平台，提供态势感知、运行监测、指挥调度、会商研判、应急救援等服务。对接城市数据中枢及部门业务应用系统，形成城市交通、应急指挥、环境保护、产业经济运行、民生保障等若干城市级业务专题，全面实时感知、监测全市运行状态。打造领导驾驶舱，构建基于领导驾驶舱的辅助决策支撑系统，展示总体态势、运行情况、办公提醒和业务专题信息，智能辅助各级领导进行高效决策。建立平级转换协调保障机制，建立与完善跨部门、跨业务的协同处置及运行保障机制，明确日常状态和应急状态下各角色的转换和管理，便于各类城市突发应急事项的统一指挥和协同调度。

7.1.2 建设需求

目前，智慧城市建设在城市状态全面感知、监控与应急联动方面很受局限：一方面，城市信息资源过度分散，缺乏统一的信息化平台，各部门信息化系统之间不能实现互联互通，无法形成协同行动能力；另一方面，封闭的内部管理系统导致公众对城市管理的参与度不足，重复建设也造成了财政资源的严重浪费。

基于这些弊端，应进行强力统筹，统一规划、建设、管理和运营城市运行平台，整合集中常态城市管理和非常态应急管理信息资源，推动城市数字化、网格化管理与社会综合治理的深度融合，探索城市管理运行创新发展的社会治理新路径，从而提升社会治理和城市运行综合管理水平。城市大脑是智慧城市建设的核心，用大数据、云计算、人工智能等前沿技术创新城市管理手段、管理模式已成为推动城市治理体系和治理能力现代化的必由之路。

7.2 整体架构

城市大脑是新型智慧城市建设的核心，包括数据中枢、城市能力中台和智慧城市运营指挥中心。数据中枢具备数据集成、数据共享、数据分析、数据服务、数据治理、数据安全等能力，通过数据融合及比对建立“一数一源”体系，加强数据标准化建设，提高数据质量，强化数据安全保障，促进数据共享、开放和应用，为城市精细管理、科学决策提供数据支撑服务；城市能力中台包括感知中枢、智能中枢、时空地理中枢、融合通信中枢等新技术应用平台，通过整合沉淀业务流程中的共性服务、公共技术能力，有力支撑城市的运行管理；智慧城市运营指挥中心是统揽新型智慧城市建设全局的“总枢纽”“总集成”“总调度”，以数据中枢和城市能力中台为依托，在跨部门、跨系统数据融合和业务协同的基础上，可视化展示城市经济社会各领域运行状态，形成集态势感知与仿真、应急指挥与协同处置、智能决策与预测预警等于一体的智慧城市运营管理平台，为城市管理者及时预见问题、发现问题、应对危机、开展公共应急事件联防联控提供决策支持。智慧城市运营管理中心通过与交通、产业、环保、民生等重点行业领域业务系统对接，汇聚城市各行各业的数据，实现跨部门数据共享、业务协同、应急联动，形成若干面向重点领域的特定应用场景。城市大脑总体架构如图 7-1 所示。

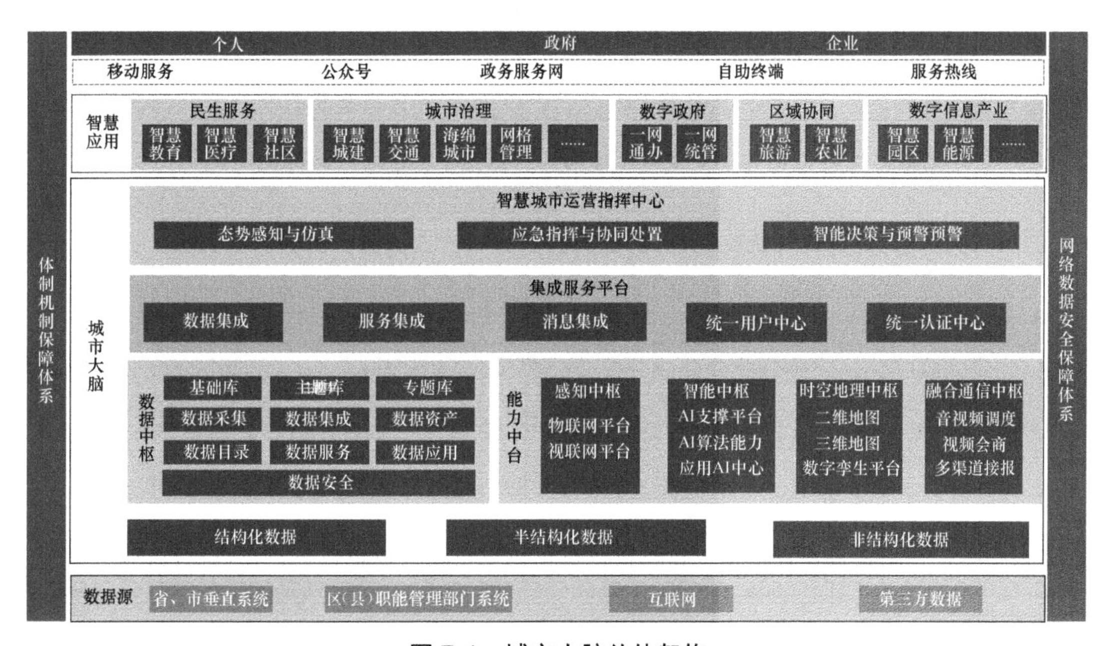

图 7-1　城市大脑总体架构

智慧城市运营中心通过城市大脑的数据中枢、感知中枢、智能中枢、融合通信中枢及时空地理中枢，获取包括地理信息空间数据、语义模型、实景三维模型等在内的数字孪生体通用库以及人口、教育、卫生、交通、消防、城管、工商、消费等各类主题数据；通过数据分析服务完成对数据的清洗、转换、融合、挖掘和建模的自动处理和关联模型，经过指标的筛选、量化、权重等指标评价体系，再对这些数据进行关联分析建立自动预警模型；最后将这些数据提供给全景态势呈现、城市运行监测、城市管理决策、城市治理协同等模块应用，从而为城市管理者提供“一张图”可视化指挥平台。

7.3 部署及配置方案

7.3.1 数据中枢部署及配置方案

数据中枢部署在虚拟环境中，连接包括省直平台、市直平台、区（县）平台及第三方互联网平台的数据接入。通过前置交换设计，将政务数据采集汇聚到数据中枢，数据中枢在云计算环境下的数据处理与计算能力，实现对数据存储、库表建设、数据资产管理、共享交换设计等功能，完成对政务数据的统一管理与统一设计，通过政务内网、政务外网进行数据共享门户、数据开放门户实现政务外网输出。数据安全保障确保数据管理与数据共享交换的安全，通过 API 网关应用、前置机设计等方式，实现数据共享交换与传输功能。数据中枢部署架构如图 7-2 所示。

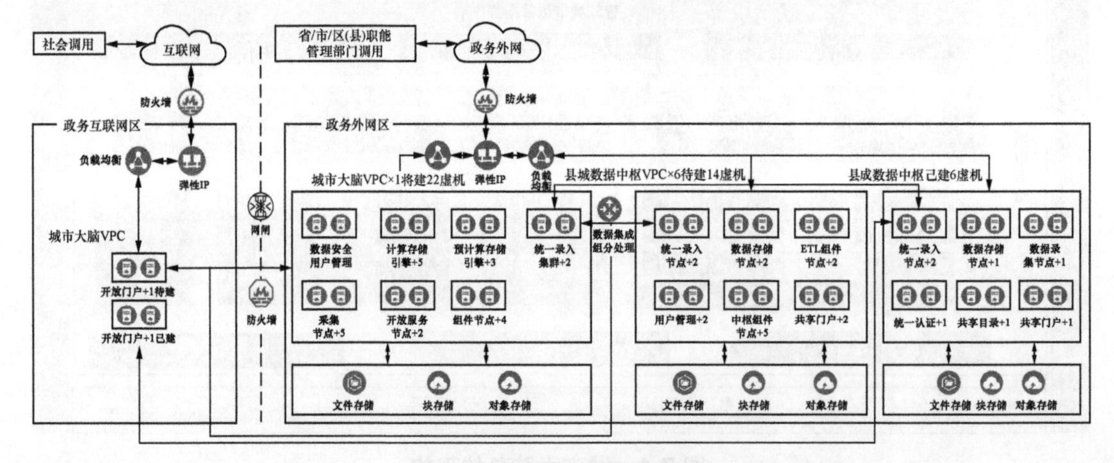

图 7-2 数据中枢部署架构

7.3.2 感知中枢部署及配置方案

感知中枢部署在政务外网，与各职能管理部门业务系统连接关系如下。

通过视频安全交换接入系统与公安视频专网连接，接入公安视频专网内的公安交管和雪亮工程视频流。

与水务局通过专线连接，接入水务局水务预警监测系统和水利信息化综合应用平台感知数据。

在政务外网区内通过虚拟私有云（Virtual Private Cloud，VPC）与环保局、住建局、应急管理局，以及社会治理网格化治理管理平台隔离，并在政务云内经由东西向网络接入上述系统的感知数据。

经过政务外网接入区接入部署在互联网的海绵办海绵城市管控一体化平台、城管局渣土车管理系统、城管鹰眼系统和城管执法记录仪。

感知中枢部署架构如图 7-3 所示。

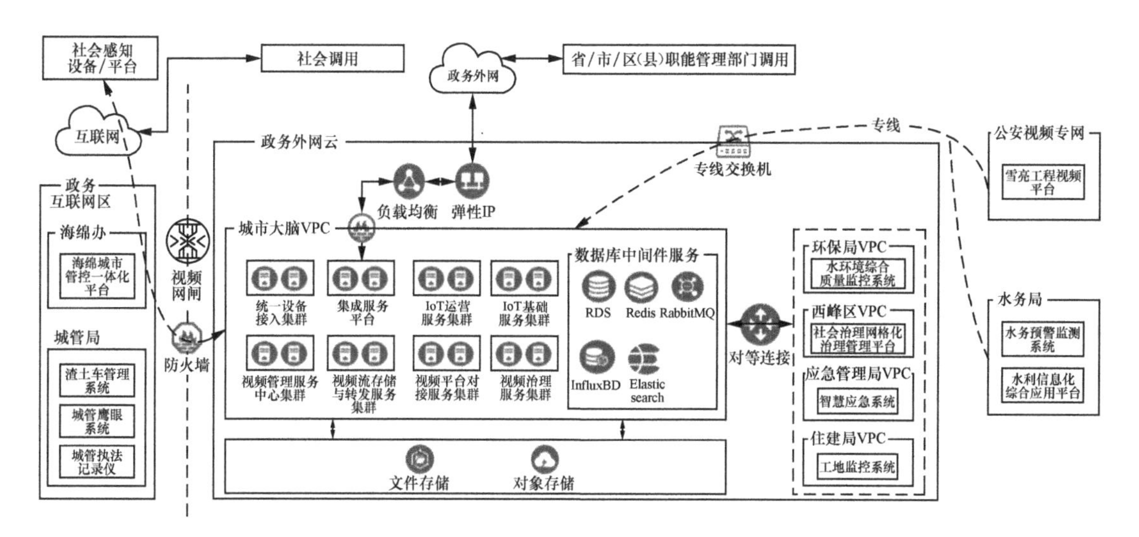

图 7-3　感知中枢部署架构

7.3.3　智能中枢部署及配置方案

智能中枢部署在智慧城市政务外网的城市大脑 VPC 中，至少采用 3+N 的模式部署。智能中枢将从感知中枢里获取视频流和感知数据用于训练和推理服务；将从数据中枢获取结构化数据用于智能分析；将从文件存储或对象存储中获取非结构化数据（图像、音频等）用于训练或推理服务。以某典型项目为例，智能中枢部署架构如图 7-4 所示。

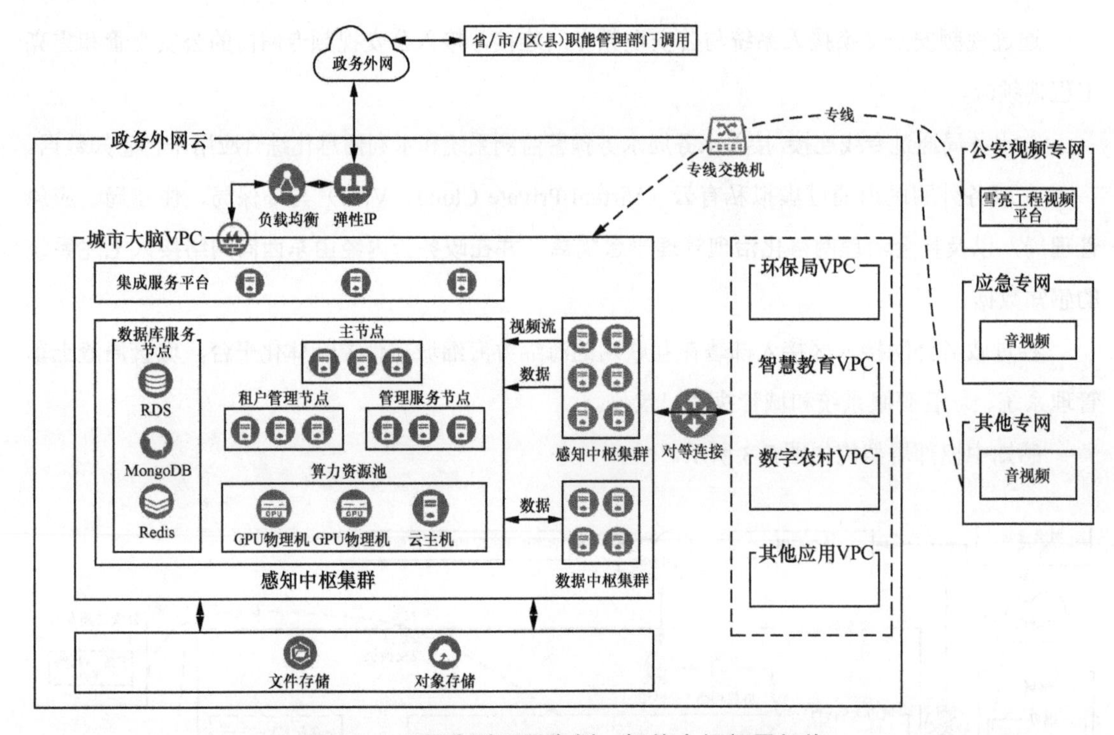

图 7-4　以某典型项目为例，智能中枢部署架构

主节点采用虚拟机部署，主节点主要部署容器集群；租户管理节点同样采用虚拟机部署：管理服务节点主要部署微服务集群服务、AI 集群服务组件、日志服务和监控服务；每个租户部署云主机用于安全及负载均衡；数据库服务节点主要部署 Redis 集群、MongoDB 集群、内置镜像仓库、MySQL 集群和 NFS 服务。*N* 代表计算节点，根据功能划分为训练服务器及推理服务器，作为算力资源池：训练服务器推荐采用 GPU 物理机和虚拟化服务器，部署的服务组件包括训练任务、工作流服务、分布式服务和用户服务；推理服务器采用 GPU 物理服务器和虚拟化服务器，部署的服务组件包括训练任务、推理服务、工作流服务、分布式服务和用户服务。

7.3.4　时空地理中枢部署及配置方案

时空地理中枢部署于政务外网区，时空地理中枢包括数字孪生体接入引擎、数字孪生体通用库、语义服务引擎、时空信息服务引擎、三维大数据可视化引擎、数据融合发布引擎和数字孪生开发平台，同时，由政务云提供存储资源（对象存储和文件存储）。至少采用 3+*N* 的模式部署。

应用节点采用虚拟机部署，数据管理节点采用虚拟机部署；基础应用节点主要部署操作系统 Windows，中间件 Tomcat、WebLogic、WebSphere、Redis 集群、MongoDB 集群、内置镜像仓库以及 NFS 服务。数据管理节点部署 PostgreSQL 集群、MySQL 集群等。

根据需求部署应用节点，用于部署时空地理中枢各功能模块；部署数据库管理节点，用于时空数据管理；部署 GPU 渲染节点，用于可视化效果渲染。部署固态存储，用于文件和对象数据存储。时空地理中枢部署架构如图 7-5 所示。

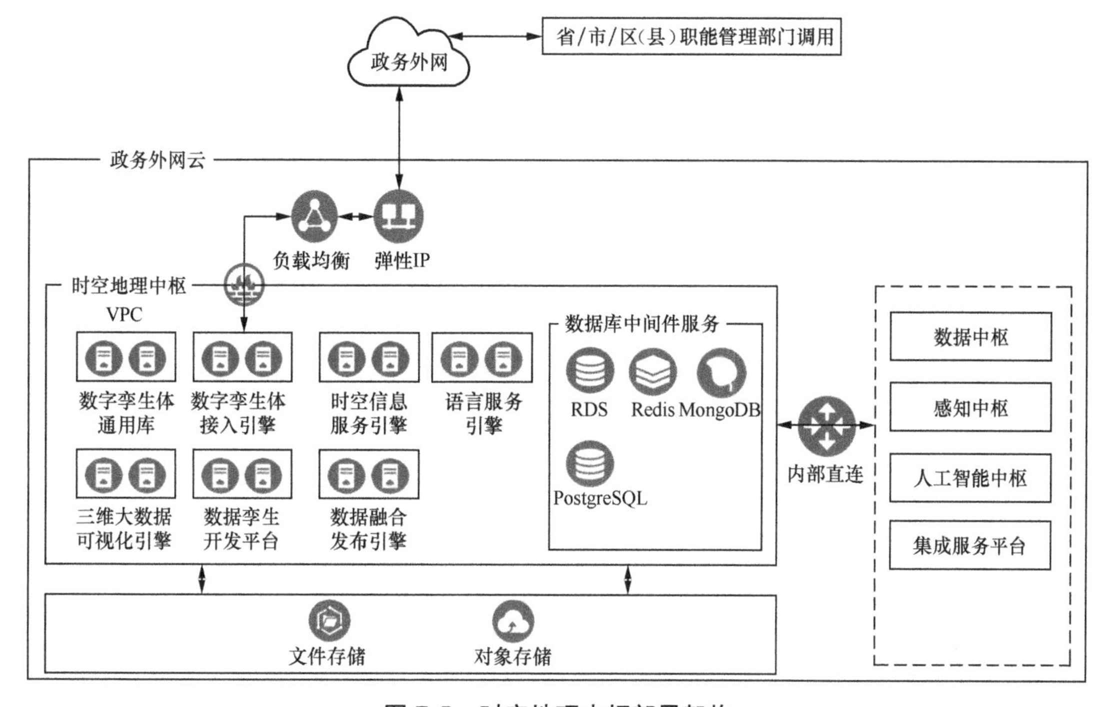

图 7-5　时空地理中枢部署架构

7.3.5　融合通信中枢部署及配置方案

融合通信中枢核心调度服务模块采用云部署方式，分别部署于市政务外网区及政务互联网区。融合通信中枢配置相应的软件服务模块，包括融合通信服务模块、融合通信视频监控接入管理服务模块、融合通信视频分发服务模块、融合通信音视频存储服务模块、融合通信智能终端接入管理服务模块。各服务模块提供音视频多媒体调度、短信 / 传真、录音录像、GIS 调度、

App 调度等业务功能的基础支撑。融合通信中枢支持多级账号登录，采用账号下发的方式，实现融合通信中枢的多级调度。融合通信中枢部署架构如图 7-6 所示。

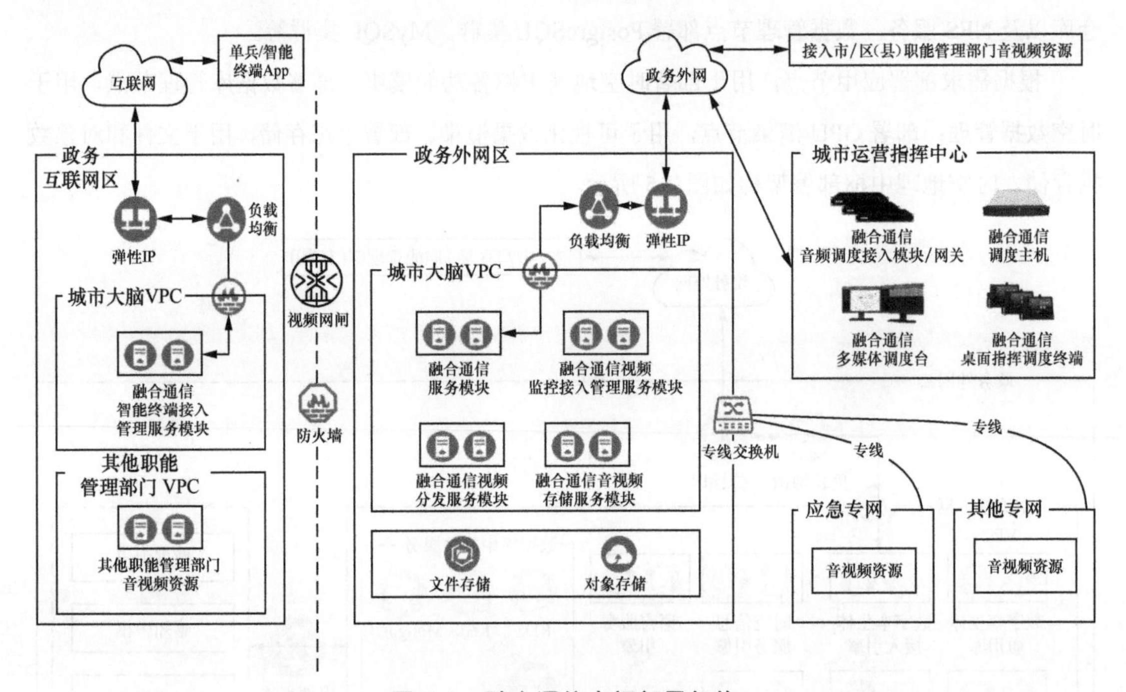

图 7-6　融合通信中枢部署架构

融合通信中枢可以根据业主实际需求情况选择具体需要接入哪些职能管理部门的音频资源，通过部署相应的融合通信网关（包括无线接入网关、环路中继网关、数字中继网关、模拟用户网关、音频接入网关、广播接入网关）等设备，实现各类异构通信系统的接入。

在城市运营指挥中心部署触摸屏调度台，通过调度台可以实现对各类接入终端的音频调度、视频调度、GIS 调度、辅助调度等业务功能。

在城市运营指挥中心的座席和各职能管理部门主要领导办公室或值班室部署桌面指挥终端，融合语音通话、视频通话、统一通讯录、会议会商、视频监控查看等功能，具备多方会议、一键呼叫、自动应答、便捷操作等特点，能够真正实现指挥桌面化、便捷化。

在城市运营指挥中心，现场人员可以通过智能终端安装 App 或者穿戴式设备，将现场情况、音频、视频画面回传至指挥中心，实现运营指挥移动化。

系统进行能力开放，将系统业务功能进行接口封装，统一为上层业务应用提供 RestAPI，供第三方业务平台集成调用。

7.3.6 集成服务平台部署及配置方案

集成服务平台包含前端接入组件、后端服务组件、数据库组件、统一用户中心组件和统一认证中心组件，分别在政务互联网区和政务外网区部署，政务互联网区和政务外网区通过网闸/防火墙实现互通。前端接入组件是智慧应用使用集成服务平台的入口，需要分别部署在政务互联网区和政务外网区；后端服务组件是提供集成服务能力的核心，部署在政务外网区；数据库组件是集成服务平台用来存储系统数据的，部署在政务外网区；统一用户中心组件实现集中统一的用户管理，部署在政务外网区；统一认证中心组件实现统一的认证和授权管理，部署在政务外网区。集成服务平台部署架构如图7-7所示。

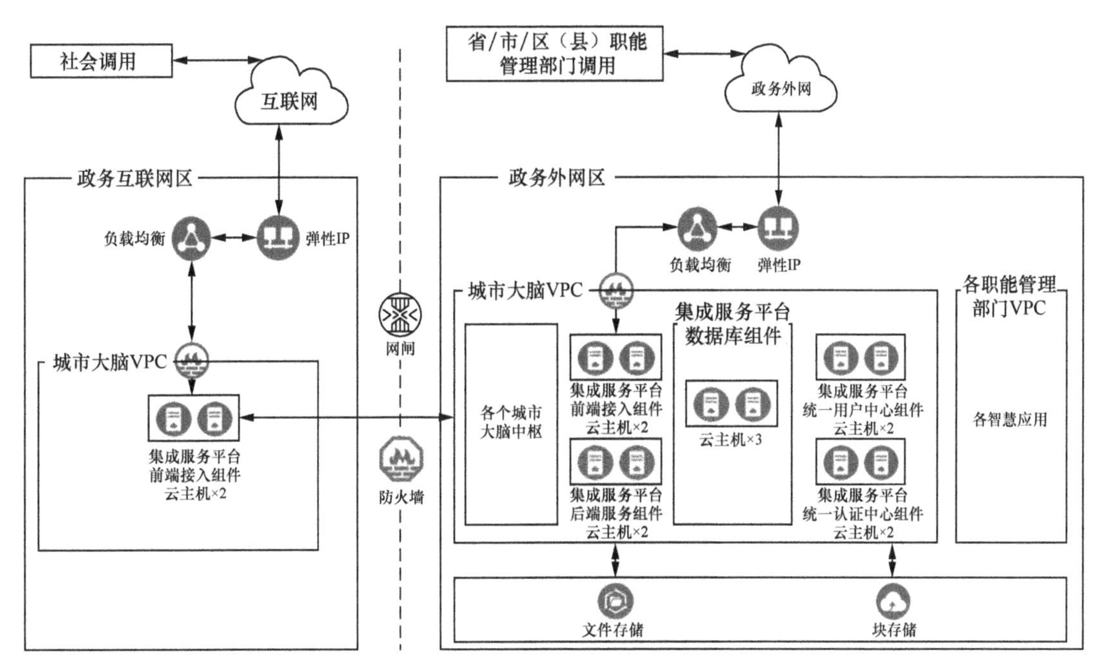

图7-7 集成服务平台部署架构

第 8 章

城市大脑

建设保障措施

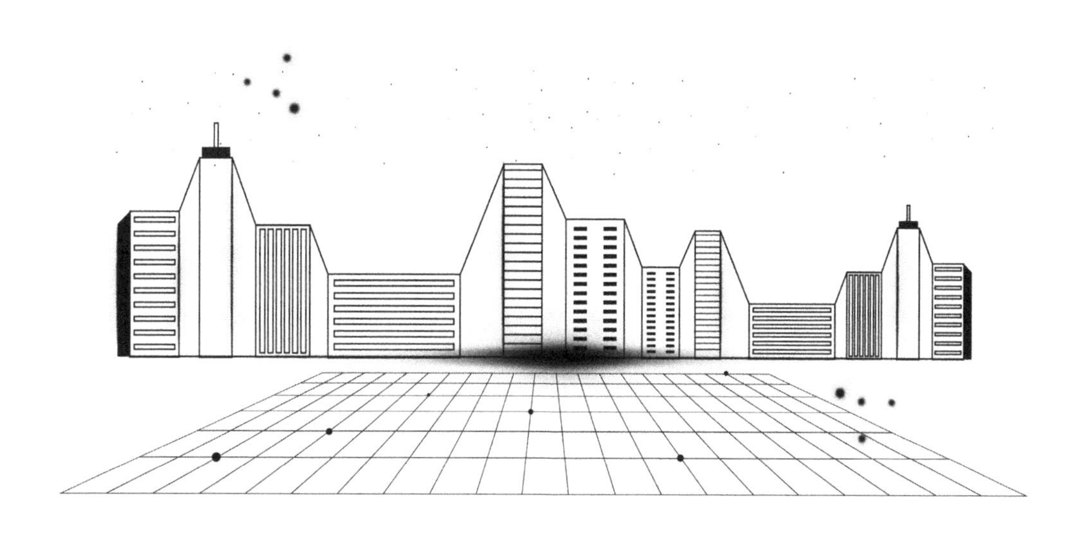

8.1 组织有"力"：城市领导力与执行力

8.1.1 设立城市首席数据官推动数据治理

（1）城市首席数据官概述

首席数据官一职最早由企业创设，而在政府层面，首席数据官是指本单位（部门）中统筹管理公共数据资源、组建资源和应用资源的第一责任人，也是统筹建设多跨场景应用的技术把关人。作为部门、企业的高层管理者，首席数据官除了要负责组织制定本单位（部门）数字化相关发展规划、标准规范外，还将统筹单位（部门）的数字化项目建设，推进数字化项目跨部门、多业务协同应用。美国学者的实证研究发现，没有两个政府部门的首席数据官职责是完全相同的。

随着数据资源的日新月异，规模不断扩大，应用日趋增多，过去相对粗放的数据管理方式已不适应当今的形势，加强和改善数据管理的需求日益迫切。在此过程中，"首席数据官制度"的数据精细化管理模式脱颖而出。数据资源越多，越需要精细化管理。只有精细管理数据，才能发现和解决已出现或潜在的"数据病"。借助以数据责任"清单化"、数据采集"减量化"、数据管理"集中化"、数据应用"场景化"、数据安全"立体化"、数据要素"市场化"，打造形成数据治理"共同体"。

政府首席数据官的角色旨在促进数据共享和透明度，打通政府各职能管理部门之间的数据，并且加以利用，提高数据驱动的决策，同时保护数据的机密性和隐私权。政府数据的充分利用可以增强组织绩效，因此数据管理者在实现这一战略资产价值最大化方面起着至关重要的作用。

设立城市首席数据官的目标有以下两个方面。

一是城市首席数据官有利于城市数据的集中管理。城市首席数据官制度的设立，推动了政务服务"一网通办"、省域治理"一网统管"、政府运行"一网协同"等工作的顺利开展，既提升了政府管理和服务的一体化、便捷化、智能化水平，又提高了社会治理的精细程度。设立城市首席数据官，在政府内部形成由专人负责的数据共享通道，加强公共数据的共享协调和开发利用，有助于打破数据壁垒，推动数据资源整合、融合，增强跨部门、跨层级、跨领域的数据供给、统筹、协调能力，实现数据资源价值的最大化。

二是有利于推动社会数据与公共数据的融合。有助于构建政府、平台数据企业、行业协会等多方参与的数字化发展多元协同治理体系，更好地发挥政府、公共和社会数据的价值，提升数据应用的质量和效能。

（2）国外城市首席数据官设立现状

美国是最早任命政府首席数据官的国家。2011 年，芝加哥市设立了第一位市政首席数据官；2013 年，联邦储备委员会在联邦政府层面任命了首位首席数据官。在政府首席数据官的概念界定上，美国政府开放数据项目将其描述成混合多种角色为一体的复合型职位，部分是数据战略家和指导师，部分是改进数据质量的管理员，部分是技术专家，部分是新数据产品的开发者。2014 年，洛杉矶市长提出首席数据官的目标是管理数据，建立一种由数据驱动的创新与卓越文化；芝加哥市首席数据官办公室的使命则是利用数据改善城市居民生活质量，提高城市运营效率。2016 年，美国的一项调查显示，政府首席数据官正在改变联邦大数据的运营——拥有首席数据官的联邦机构比没有首席数据官的机构更有可能成功管理大数据运营。2019 年 1 月，经由总统签发的《基于循证决策的基础法案》规定联邦政府各机构负责人应指定一名非政治任命的常任制雇员担任机构的首席数据官，该法案第二部分详尽规定了政府首席数据官应担负的 11 项职责，例如，推进数据管理最佳实践、指导数据资产价值创造、开展部门间数据协调、营造数据文化等涵盖了政府数据的全生命周期管理。《联邦数据战略与 2020 年行动计划》中提出成立联邦首席数据官委员会，旨在协调跨部门的数据流动，统一标准，促进机构间的数据共享。

加拿大的首席信息官制度建立于 20 世纪 90 年代初期，经过 30 多年的发展完善，其体系已经比较完备，早期的首席信息官以管理公共信息平台为主，随着大数据时代的到来，公共数据与社会数据融合，首席信息官也在向首席数字官转型。加拿大政府支持并授权首席数据官加强与首席信息官及其他政府部门的横向合作，建立跨部门数据管理能力。

（3）国内城市首席数据官设立现状

国内首先设立城市首席数据官的是广东省，2021 年 5 月，广东省印发《广东省首席数据官制度试点工作方案》，选取省公安厅、省人社厅、省自然资源厅等 6 个省直部门，以及广州、深圳、珠海、佛山、韶关、河源、中山、江门、茂名、肇庆 10 个地市开展试点工作，推动建立首席数据官制度，深化数据要素市场化配置改革。广东试点首席数据官制度在全国属于首创，推动建立首席数据官制度，是广东省深化数据要素市场化配置改革的一项制度性安排。随后，广州、深圳、佛山、珠海等地陆续发布首席数据官制度试点实施方案。根据《广州市推行首席数据官制度试点实施方案》，广州市将组建覆盖市区两级、市各有关部门的首席数据官工作队伍，健全首席数据官管理体系，构建权责清晰的公共数据资源开发利用制度和安全管理机制，推动公共数据资源开发利用规范化、制度化。《佛山市首席数据官制度试点工作实施方案》要求，在各区和市重点涉及数字化管理部门试点建立首席数据官制度，明确职责范围，健全评价机制，创新数据共享开放和开发利用模式，提高数据治理和数据运营能力。《深圳市首席数据官制度试点实施方案》提出，在深圳市本级政府、福田等 4 个区政府、市公安局等 8 个市直单位试点设立首席数据官。深圳首席数据官的职责主要体现在推进智慧城市和数字政府建设、完善数据标准化管理、推进数据融合创新应用、实施常态化指导监督、加强人才队伍建设、开展特色数据应用探索 6 个方面。

2021 年 6 月，浙江省市数字化改革领导小组办公室印发《绍兴市首席数据官制度》，绍兴市将推动建立首席数据官制度作为深化数据要素市场化配置改革的一项制度性安排，有助于各单位（部门）实现数据共享，跨部门协同应用。

2021 年 7 月，福州市马尾区印发《马尾区首席数据官制度工作方案》，首席数据官由本级政府或本单位分管大数据工作的行政副职及以上领导兼任。区政府首席数据官报送市大数据委报备、区内各单位首席数据官由区内各单位任免，报区大数据管理。首席数据官工作职责包括统筹本区政府或单位政务大数据工作、统筹数据管理和融合创新和实施常态化指导监督 3 个方面。

（4）首席数据官的配套保障措施

首席数据官制度还处于试点阶段，要充分发挥其作用，还需要各级政府重视数据价值，完善数据管理法规制度，才能真正赋能国家治理体系和治理能力的现代化建设。除了首席数据官制度，还要有数据法律法规、数据治理及其战略，以推动政府的数据分析能力发展，必要的制度设计、资源支持、强化数据运用意识、建设数字化人才梯队、条件保障，以及社会合作网络等构成了政府首席数据官施展能力、发挥作用的基本生态环境。

在以上配套措施中，尤其重要的是法律法规措施。2021 年 7 月 6 日，深圳市公布了《深圳经济特区数据条例》，提出公共数据应当遵循依法收集、统筹管理、按需共享、有序开放、充分利用的原则，充分发挥公共数据资源对优化公共管理和服务、提升城市治理现代化水平、促进经济社会发展的积极作用。深圳市人民政府应建立健全数据治理制度和标准体系，统筹推进个人数据保护、公共数据共享开放、数据要素市场培育及数据安全监督管理工作。深圳市相关部门依照有关法律法规，在各自职责范围内履行数据监督管理相关职能。深圳市政务服务数据管理部门承担市公共数据专业委员会日常工作，并负责统筹全市公共数据管理工作，建立和完善公共数据资源管理体系，推进公共数据共享、开放和利用。区政务服务数据管理部门在市政务服务数据管理部门指导下，负责统筹本区公共数据管理工作。各区人民政府可以对全市进行统一规划，建设城市大数据中心分中心，将公共数据资源纳入城市大数据中心统一管理。城市大数据中心包括公共数据资源和支撑其管理的软硬件基础设施。深圳市人民政府应依托城市大数据中心建设基于统一架构的业务中枢、数据中枢和能力中枢，形成统一的城市智能中枢平台体系，为公共管理和服务，以及各区域各行业应用提供统一、全面的数字化服务，促进技术融合、业务融合、数据融合。

8.1.2 智慧城市全过程咨询

（1）智慧城市全过程咨询概述

智慧城市建设工程是一个长期演进的复杂巨系统，涉及管理咨询、城市规划、通信技术、计算机技术、数据分析、软件开发等应用学科，因此需要有专业团队密切配合，从专项规划就介入其中，通过专项规划、项目全过程管理、项目建议书、可行性研究、初步设计、详细设计、项目后评估等全过程提供“3+1+*N*+*X*”模式本地化服务，使智慧城市工程建设项目更加符合城市规划，实现投资集约化、缩短项目周期、项目可管可控的目标。

智慧城市建设项目从 2009 年开始提出，每年的建设规模在不断增长，“十四五”末期，也就是到 2025 年，全国智慧城市投资规模将超过 500 亿元，这个规模只是城市级的建设规模，还不包括每个城市的职能管理部门信息系统的投资，例如，智慧住建、智慧安监、智慧应急、智慧教育、智慧水务、智慧医疗、智慧旅游等众多行业主管部门信息系统的投资，将是一个庞大的智慧城市投入规模。当前无论是学术界还是工程咨询行业，还没有深入开展智慧城市全过程咨询的研究。在总结多年智慧城市全过程咨询经验的基础上，本书提炼了一套特有的智慧城市咨询方法体系“3+1+*N*+*X* ”：“3”是指 3 个专项规划，就是工程咨询单位围绕当地的智慧城市发展制定数字经济发展专项规划、智慧城市发展专项规划和智慧城市顶层设计；“1”是项目管理，就是工程咨询单位对智慧城市全过程进行项目管理咨询，帮助政府投资方运用科学的项目管理方法，高效地推进从项目前期咨询开始到竣工验收、试运行结束；“*N*”是指项目开展过程中的项目建议书、可行性研究报告、造价咨询、初步设计、详细设计、招标代理、项目后评估报告；“*X*”是指不自行实施但是应协调管理的专项服务，例如，等保测评等。一般建议采用完整的“3+1+*N*+*X*”模式并以 5 年为一个项目周期，保持与国家发展规划、地方发展规划同步，并进行适度创新，才能保持本地区智慧城市建设的先进性和正常节奏。

（2）智慧城市全过程咨询政策

智慧城市属于新型基础设施的融合基础设施范畴，属于技术密集型产业和国家鼓励支持的全过程咨询领域。《工程咨询行业管理办法》指出：全过程工程咨询是指采用多种服务方式组合为项目决策、实施和运营持续提供局部或整体解决方案以及伴随服务。2017 年 2 月 21 日印发的《国务院办公厅关于促进建筑业持续健康发展的意见》明确倡导培育全过程工程咨询，要求政府投资工程必须带头推行全过程工程咨询，鼓励非政府投资工程委托全过程工程咨询。2019 年 3 月，国家发展和改革委员会联合住房和城乡建设部印发了《关于推进全过程工程咨询服务发展的指导意见》，中国工程咨询协会也举办了多期“全过程工程咨询实务”培训班培养了大批全过程咨询人才，中国建设工程造价管理协会发布了 CECA/GC4-2017《建设项目全过程造价咨询规程》等。这些政策为智慧城市的全过程咨询提供了参考依据。

（3）智慧城市全过程咨询的实施误区

① 智慧城市全过程咨询的周期。项目的全过程咨询周期最优的模式是从数字经济五年期规划开始介入，并延续做智慧城市建设规划，制定符合城市特色、发展阶段又能吸收其他城市的经验的智慧城市建设模式，随着城市的发展规划实现周期化的迭代。

② 智慧城市全过程咨询的工作内容。智慧城市信息化项目建设应用面广，复杂程度高，涉及信息网络、计算机软硬件、系统集成等各方面的技术，科技含量高，工作量大、时间紧迫，只有非常有经验的智慧城市咨询工程师才能够帮助智慧城市主管部门准确制定智慧城市的发展路线和实施步骤。另外，在智慧城市的实施细节方面，有的城市在全过程咨询服务的招标书中提出“智慧城市全过程咨询的项目管理需要有信息系统项目管理技巧和手段，对项目的各个层面进行全方位的管理、控制、协调、监理、验收。对项目的方案设计优化、应用软件开发、硬件设备购置、系统集成、安装调试、功能测试、技术培训、监理工作等方面的质量、进度和投资等进行全面控制和审定”。但实际上，这些是项目管理办公室（Project Management Office，PMO）咨询模式的工作，不能将全过程咨询与 PMO 模式相混淆，后者强调的是项目管理，而智慧城市的全过程咨询从广义上来说，包含 PMO、规划咨询、项目建议书、可行性研究报告、初步设计、项目后评估等各阶段的咨询设计成果。

③ 智慧城市全过程咨询的科技投入。发达国家，工程咨询已经成为项目投资的一项十分重要的工作，德国的工程咨询费用约占工程造价的 7.5% ～ 14%，英国的占比为 8.85% ～ 13.25%，美国的占比为 6% ～ 15%，而我国工程咨询行业营业收入占全社会固定资产投资规模的比重仅为 3.05%，工程咨询费用率目前在我国的占比最低，一般是 1% 左右，最高约为 5%。这与我国工程建设领域对工程咨询的重视程度不够有关，也与以人工单位成本为主要计算依据的业务收费模式相关。实际上，咨询单位要投入大量的研究开发工作和研发经

费投入才会不断地输出新的咨询研究成果。另外，任何领域咨询业务的核心是咨询模型，智慧城市规划咨询也是搭建咨询模型的过程，这个咨询模型是需要开展大量的研究和实践总结才能获取的。

（4）智慧城市全过程咨询“3+1+N+X”方法体系

①“3”：*理念先进的规划咨询。*智慧城市在全球的探索和建设也不过短短10余年，其建设模式和建设理念还需要不断翻新。国家政策、省市政策也会以五年期规划的模式不断调整，能否准确地解读国家规划、地区规划，并做好纵向和横向的规划衔接工作，是智慧城市建设科学性的关键，因此，对政府投资部门来说，智慧城市的全过程咨询的起点在数字经济或者信息化专项规划。当前，有些地市既有数字经济规划也有信息化发展规划，还有新基建发展规划，而且各规划之间还存在交叉和重复，甚至分歧。数字经济是工业经济之后的全新经济时代，根据我国“十四五”规划，数字经济的范畴已经涵盖了这些领域，因此，我们建议由数字经济五年规划统一汇总其他相关规划，但是可以在总体的数字经济规划下设立子项规划，例如，工业互联网发展规划、智慧社区发展规划、新型基础设施发展规划等。由咨询人员早期介入数字经济发展规划，与国家五年规划同步，以五年为一个周期；将智慧城市规划作为专项规划，与地区五年规划同步，也以五年为一个周期；进而落地为智慧城市顶层设计，每年做一次顶层设计的迭代，落脚点是每年的工作计划和任务；专项规划是确定智慧城市横向的确定发展方向，是演进式技术经济思维；智慧城市顶层设计的重点在纵向上，是纵向的结构化思维。通过以上工作基本可以确定远期、中期、近期的工作内容，实现智慧城市建设的科学规划。

②“1”：*科学合理的全过程管理。*很多智慧城市项目在规划咨询阶段想象得很美好，而到真正落地时却差别甚远，真正原因就是没有做好项目管理。项目管理是运用各种相关技能、方法与工具，为满足或超越项目有关各方对项目的要求与期望，所开展的各种计划、组织、领导、控制等方面的活动。对智慧城市项目来说，每个城市平均每年投入1亿元以上，利益相关方包括内部职能管理部门、外部供应商等多达上百个对接单位和部门，涉及几千人，而且有成熟的硬件产品，也有需要深度开发的软件信息系统，要将这些利益相关方围绕智慧城市建设路径下统一思想、协同工作是一项非常艰巨的项目管理工作。项目管理协会（Project Management Institute，PMI）将项目管理的基本内容划分为五大过程组，即启动过程组、策划过程组、实施过程组、控制过程组和收尾过程组，进行统筹协调，落实到具体的项目中，推动智慧城市项目达到预期。PMI项目管理五大过程组示意如图8-1所示。

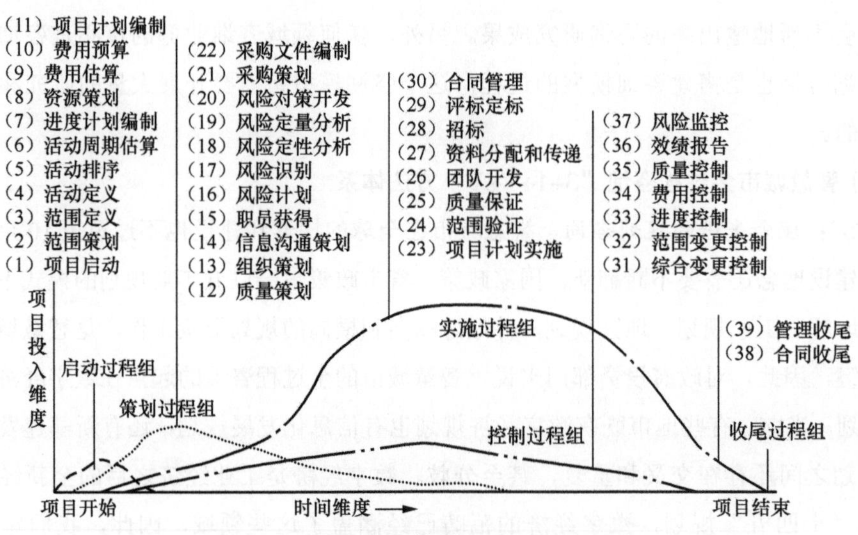

图 8-1 PMI 项目管理五大过程组示意

例如，对于智慧城市项目来说，如果是由多个项目组成的项目群，那么对于标准化程度比较高、技术成熟项目和需要深入开发的项目不宜打包，因为每个项目的进度不同、深度不同，如果全部捆绑在一起则会导致所有的项目都可能被深度开发的项目影响。因此，智慧城市项目管理工作是一项专业性比较强的工作。

③ “*N*”：*从浅到深逐步精细化落地*。一个政府投资项目，要经历项目建议书（机会研究）—项目可研—立项评估—初步设计—供应商招投标—深化设计（技术设计、详细设计、施工图设计）—开发与实施—初步验收—最终验收等过程，初步设计之前的阶段是项目前期策划咨询阶段，后续是实施阶段。在咨询设计阶段，项目建议书是报政府信息化主管部门决策的必要文件，可行性研究是报国家发展和改革主管部门审批的流程文件，立项评估可以委托第三方进行。初步设计应达到采购招标的深度，因此，从项目开展的全过程来说，适宜每 5 年招标 1 次，而不适合与项目捆绑在一起分别招标。而且项目管理与各个阶段的实际咨询设计工作不同，后者是前者的输入，前者受后者的指导。

项目管理全过程流程如图 8-2 所示。

④ “*X*”：*零星的专项服务快速跟进*。零星的专项服务是用户在推进智慧城市建设过程的个性化的需求，这些个性化的需求对于完成整体的目标也起着至关重要的作用，包括智慧城市标准体系建设、智慧城市管理导则、智慧城市信息系统等保测评和安全测评等。

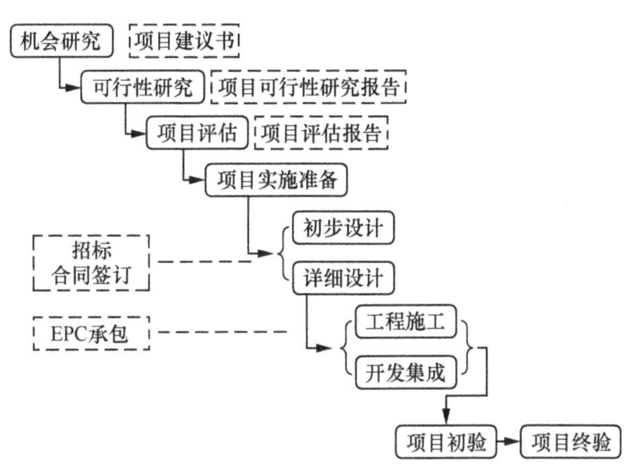

图 8-2　项目管理全过程流程

8.2　投资有“道”：智慧城市可持续运营

下面分析智慧城市投入—产出国内外研究成果，并提出新的智慧城市投入—产出分析模式，基于随机选取的一、二、三线共 28 个城市，对投入指标利用专家调研法、专家打分法、主成分分析法进行了筛选，得出核心的 5 项投入指标；参考国家标准选取了 6 项产出指标；最终通过对 28 个城市的投入—产出样本进行了典型相关分析。

除了资金投入，还有人力资源投入、城市管理组织与政策投入、企业研发投入等，这些投入对于智慧城市建设的影响程度如何，智慧城市的各项产出应重点关注的是哪几类投入要素，它们的排序是怎样的，这是重点关注的研究内容。

智慧城市投入—产出评价研究主要分为定性与定量两个方向。定性的方向，例如，有国外学者从投入—产出的角度提出，通过参与治理来实现对现有资源的智慧管理，进而使城市变得更加“智慧”，蒂姆·斯通纳等[1]从城市规划的角度分析了城市投入—产出的逻辑关系；定量分析主要集中在 DEA 研究路线方面，从成果发表的时间先后顺序来看，杨凯瑞等[2]、姜军等[3]、王家明等[4]利用 DEA

1　蒂姆·斯通纳，曹靖涵，杨滔．智慧城市设计和空间句法：精明投入和智能产出 [J]. 城市设计，2016（1）:8-21.

3　杨凯瑞．智慧城市评价研究：投入—产出视角 [D]. 武汉：华中科技大学，2015.

3　姜军，郑晓晓，袁义淞．基于 DEA 模型的北京智慧城市建设投入—产出效率评价研究 [J]. 河南科学，2020，38（11）:1853-1859.

4　王家明，张云菲，杜雪怡，等．山东省智慧城市建设效率测度及影响因素研究 [J]. 甘肃科学学报，2020，32（6）:123-134.

模型评价方法对武汉市、北京市、山东省的智慧城市投入—产出进行了分析。以上分析方法都非常值得借鉴，但是总体来看还存在以下问题：首先，智慧城市投入要素与产出要素之间关联度是怎样的？如果能分析出来则能够辅助城市决策者针对不同产出目标和内容制定不同的投入策略，从目前来看，国内外学者还没有相关的研究成果；其次，当前研究的成果大多为后评估成果，对于智慧城市的建设决策来说，更需要明确的是投入的重点是什么？如何确保智慧城市建设中少走弯路？最后，围绕投入—产出的研究分为工业经济时代的传统思路和数字经济时代的思路，工业经济时代有里昂惕夫“投入—产出”模型、基于数据包络的“投入—产出”的 DEA 模型，这些都是面向有形的产品和产出的投入计算方法，进入数字经济时代后还没有具体、清晰的投入—产出模型。国内智慧城市的建设已有 10 余年，积累了一些成功案例和经验，下面尝试通过对样本城市投入与产出的指标打分，用通用的模型分析方法即典型相关分析法并结合 SPSS 软件给出投入—产出的关系。

（1）投入—产出分析总体思路

管理学大师彼得·德鲁克曾经说过：“你如果无法度量它，就无法管理它。”这句话放在城市管理领域也适用，要想有效管理智慧城市建设工作，就难以绕开度量的问题。为研究智慧城市投入—产出的关系，通过建立智慧城市投入指标以及智慧城市产出后评估指标，搭建“投入—产出”预测模型，阐述智慧城市建设投入与建设成果产出之间的互动关系，为预先评估智慧城市建设执行成效提供有效的依据，并能够为智慧城市建设者在制定智慧城市建设规划、计划时找到资源分配的重点。

智慧城市投入—产出分析思路模型如图 8-3 所示。

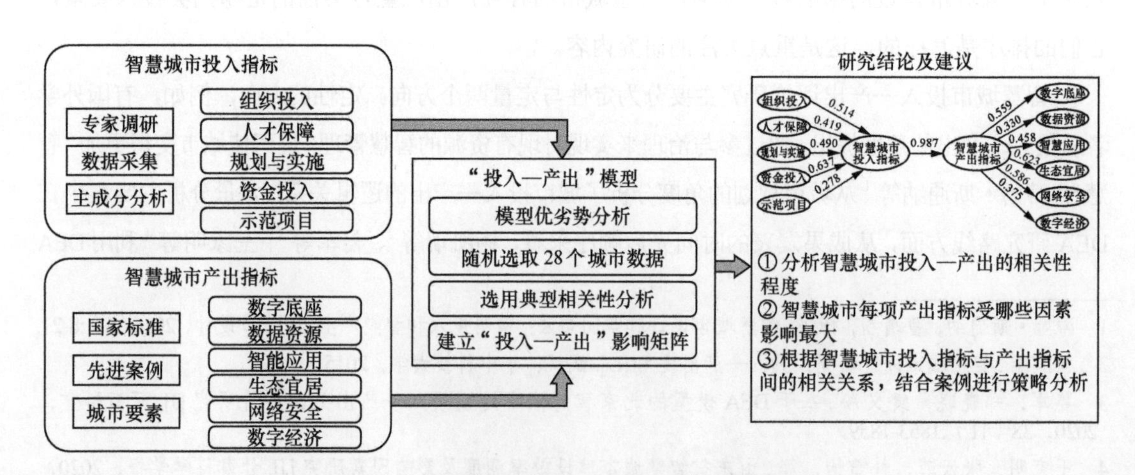

图 8-3　智慧城市投入—产出分析思路模型

（2）基于主成分分析法的投入要素的获取

项目组所收集的数据覆盖了评价指标体系中的全部一、二级指标。利用SPSS软件对所收集的数据进行主成分分析。首先进行“投入—产出”系统影响因子计算；其次进行“产出—投入”系统影响因子测算；最后得出“投入—产出”交互系统综合影响因子。

本套智慧城市投入要素评测方案是在遵循评测指标选取的几大原则，即指标的导向性、代表性、数据可获取性、可比性、指标规模适度性、可延续性等的前提下而制定的，充分融合了我国当前智慧城市建设的实际情况，目标是筛选出在投入要素方面具有较强的引导和促进作用的关键要素。鉴于国内智慧城市产业总体依然还处于成长期，发展还不够充分、成熟度不够、发展水平不均衡的情况下，为了全面、客观、公正地对当前国内智慧城市投入要素进行选取，采取以下分析过程。

初选阶段：经过德尔菲专家调研方法，选取了10个主要的投入要素。

评价阶段：采用主成分分析法，对初选阶段的10个指标进行降维，得出在不同建设水平的城市的得分，找出智慧城市中敏感度较大的因素数据。

投入要素筛选阶段：通过领先城市的关键要素分析，找出关键的影响因素，结合城市的特点剔除非关键因素。

本套智慧城市投入要素分析方法以智慧城市总体评价方案确定的总体评价标准为理论基础，选取了规划方案、组织体系等10个内在逻辑性较强、数据采集可行性高，即信度和效度检测较高的评测指标。智慧城市投入要素评估说明见表8-1。智慧城市投入要素样本评估结果汇总见表8-2。

表8-1　智慧城市投入要素评估说明

<table>
<tr><th>一级指标</th><th>二级指标</th><th>指标说明</th></tr>
<tr><td rowspan="2">组织投入
（10分）</td><td>统筹机制完善程度</td><td rowspan="2">组织投入是对于建设智慧城市的重视程度及执行力；智慧城市的建设是“一把手”工程，须建立“一把手”管理的组织体系，并通过管理机制纳入日常的考核体系中</td></tr>
<tr><td>各部门的协同执行力度</td></tr>
<tr><td rowspan="2">人才保障
（10分）</td><td>人才培养机制完善程度</td><td rowspan="2">智慧城市的建设需要人员执行力，因此需要相关领域的人才，分为人才培养机制完善程度过程性评价指标和智慧城市人才培养结果性指标</td></tr>
<tr><td>智慧城市人才比率</td></tr>
<tr><td rowspan="2">规划与实施
（10分）</td><td>规划方案完善程度</td><td rowspan="2">智慧城市的长期、中期、近期的建设目标规划，计划遵循远粗、近细的原则；规划的实施落实是规划最终形成智慧城市的具体操作</td></tr>
<tr><td>规划实施落实程度</td></tr>
<tr><td rowspan="2">资金投入
（10分）</td><td>预算制度完善程度</td><td rowspan="2">智慧城市建设是一项系统工程，需要资金投入和设立专项预算制度保障此项工作的实施，并且有灵活的调整机制；在执行层面能够严格按照预算制度实施</td></tr>
<tr><td>预算制度执行率</td></tr>
</table>

续表

一级指标	二级指标	指标说明
示范项目（10分）	示范项目建立规模	目前，智慧城市的建设并没有严格完整的模式可以照搬，并且须结合本地的实际特色，示范项目的建设可以减少智慧城市的探索成本，提升智慧城市建设的科学程度
产业基础（10分）	各城市人均产值、单位GDP能耗（万元/吨标准煤）和高新技术产业产值占地区GDP的比例来评估	产业基础体现了城市产业的基本发展状况
用户能力基础（10分）	城市互联网用户数和移动电话使用率	用户能力基础是城市居民的信息产品普及与信息资源利用水平的体现
软环境（10分）	是否设立专门智慧城市网站或者子站，以及是否开展智慧城市或相关会议论坛等评估要点进行评价考核	软环境建设情况从侧面体现出各个城市对智慧城市建设的重视程度
能源利用与环保（10分）	人均耗电量、单位GDP碳排放量等	能源利用率代表生产技术的节能程度
政府服务能力（10分）	政府信息公开完整度、在线服务能力等	代表政府服务能力，对于树立政府形象有着重大意义

表 8-2 智慧城市投入要素样本评估结果汇总

类别	名称	规划与实施	组织投入	资金投入	示范项目	人才保障	信息基础设施	产业基础	用户能力基础	软环境	能源利用与环保	总得分
一线城市	城市 1	12	14	12	12	10.6	9.80	7.00	9.00	7.00	6.00	99.40
	城市 2	13	9.5	10.1	11	10.1	9.60	7.00	9.00	10.00	6.50	95.80
	城市 3	9	9.4	11.6	10	11.6	9.50	7.00	9.00	7.00	6.40	90.50
	城市 4	8.6	10	12.3	10	12.3	9.20	7.00	9.00	6.00	8.80	93.20
二线城市	城市 5	10	8.4	9.1	10	8.9	9.00	7.00	4.00	6.00	5.40	77.80
	城市 6	9.2	8.2	8.6	10	8.6	8.00	3.00	4.00	5.00	5.20	69.30
	城市 7	10	8.2	8.4	10	8.4	9.00	9.00	4.00	5.00	5.30	76.00
	城市 8	9.1	9.3	9.9	9.3	9.9	9.60	10.00	14.00	10.00	6.30	95.50
	城市 9	8.6	8.9	8.6	10	8.6	9.70	7.00	9.00	6.00	7.90	83.40
	城市 10	9.7	8.1	7.9	10	7.9	5.00	7.00	4.00	5.00	4.10	68.20
	城市 11	8.6	9.1	10.3	10	10.3	7.00	8.00	4.00	6.00	8.10	79.00
	城市 12	8.6	8.4	8.5	9	8.5	5.00	3.00	4.00	4.00	5.40	65.90

续表

类别	名称	规划与实施	组织投入	资金投入	示范项目	人才保障	信息基础设施	产业基础	用户能力基础	软环境	能源利用与环保	总得分
二线城市	城市 13	8.0	8.2	11.6	9	10.6	8.00	3.00	4.00	4.00	3.90	68.40
	城市 14	10	10	9.3	10	9.3	9.00	7.00	9.00	7.00	8.10	88.60
	城市 15	7.9	8.9	8.2	8.2	8.2	9.00	10.00	9.00	7.00	5.90	83.10
	城市 16	7.9	8.1	8.6	10	8.6	6.00	9.00	4.00	4.00	5.10	71.80
	城市 17	7.9	12	8.9	10	8.9	7.00	7.00	4.00	6.00	9.00	81.60
	城市 18	10	10	8.3	9	8.3	5.00	3.00	4.00	6.00	7.00	72.30
	城市 19	7.9	9.2	8.8	9	8.8	6.00	3.00	4.00	4.00	6.20	68.10
三线城市	城市 20	9.9	9.1	10.1	9	10.1	10.00	10.00	9.00	4.00	6.10	91.20
	城市 21	7.9	9.4	9.7	9.1	9.7	10.00	10.00	9.00	8.00	6.40	89.50
	城市 22	8	8.4	11.6	8.7	11.6	6.00	7.00	4.00	4.00	5.40	73.10
	城市 23	7.9	9	6.1	9.1	6.1	6.00	7.00	9.00	5.00	4.00	73.10
	城市 24	7.9	8.2	8.2	8.5	8.2	8.00	7.00	9.00	6.00	5.20	77.60
	城市 25	7.9	6.2	8.6	8.1	8.6	6.00	9.00	4.00	5.00	3.20	68.00
	城市 26	9.8	7.8	8.4	8.3	8.4	8.00	3.00	4.00	4.00	4.80	64.90
	城市 27	3	5.8	8.1	8.4	8.1	7.00	7.00	4.00	2.00	2.80	55.40
	城市 28	7.9	10	7.9	8.3	9.2	7.00	3.00	4.00	4.00	7.90	66.30
平均		8.89	8.74	8.83	9.30	9.10	8.89	6.68	6.32	5.61	5.94	78.30

经过导入 SPSS 软件进行主成分分析，各城市在软环境、能源利用与环保、用户能力基础、产业、信息基础设施等方面相差不大、敏感度较低；而在组织投入、资金投入、示范项目、人才保障、规划与实施等方面则是影响城市平均值的关键要素，敏感度较高。同时，结合城市的实际现状，信息基础设施、产业基础、用户能力基础等因素不适宜衡量一个新区的智慧城市发展，分析结果和实际结果一致，因此予以剔除，最终选取组织投入、资金投入、示范项目、人才保障、规划与实施 5 个“投入”指标作为衡量智慧城市建设成效的关键变量。

（3）产出要素的选取

依据 GB/T 33356—2016《新型智慧城市评价指标》、GB/T 34680.1—2017《智慧城市评价模型及基础评价指标体系　第 1 部分：总体框架及分项评价指标制定的要求》、GB/T 34680.2—2021《智慧城市评价模型及基础评价指标体系　第 2 部分：信息基础设施》、GB/T 34680.3—2017《智慧城市评价模型及基础评价指标体系　第 3 部分：信息资源》、GB/T 34680.4—2018《智慧城市评价模型及基础评价指标体系　第 4 部分：建设管理》等，结合全国智慧城市当前所处的阶段，整理出六大方面核心“产出”指标，分别为数字底座、数据资源、智慧应用、生态宜居、网络安全、数字经济，每项指标的总分值均为 100 分。智慧城市产出指标见表 8-3。

表 8–3　智慧城市产出指标

一级指标	二级指标评价要素	二级指标
数字底座	信息基础设施	固定宽带普及率
		千兆光网覆盖率
		移动宽带用户普及率
	公共基础设施	市政管网管线智能化监测管理率
		绿色建筑覆盖率
	时空信息平台	多尺度地理信息覆盖度和更新情况
		平台在线为部门及公众提供空间信息应用情况
数据资源	数据资源共享	基础数字资源建设水平
		数据资源共享机制成熟度
		数据资源部门间共享水平
	数据资源开发利用	城市公共信息资源平台水平
		政企合作对基础信息资源的开发情况
智慧应用	智慧政务	一站式办理率
	智慧交通	城市交通运行指数发布情况
		公共交通乘车电子支付使用率
	智慧城管	公共安全视频资源采集和覆盖情况
		数字化城管覆盖率
	智慧教育	智慧校园达标率
	智慧医疗	医院电子病历应用水平达标率
生态宜居	智慧环保	环境质量监测水平
		城市环境问题处置率
	绿色节能	智慧社区惠及人口百分比
网络安全	网络安全管理	网络安全事件处理能力
		网络安全应急水平
	信息系统安全可控	关键信息基础安全防护水平

续表

一级指标	二级指标评价要素	二级指标
数字经济	传统产业升级	企业两化融合指数
	新兴产业发展	信息产业营业收入
		新一代信息技术产业就业人口占比

智慧城市建设是一种经济行为，需要社会资本的参与，特别是企业的投资合作。例如，德国为了更好地建设智慧城市，积极探索政府与企业合作的公共私营合作制模式，具有运营模式多元化，保证了智慧城市安全、高效、可持续运营。按照政府与企业在投资、建设领域的不同角色，德国智慧城市建设呈现政府投资运营、企业参与建设，政府与企业合资建设与运营，政府统筹规划、企业投资建设，企业建设运营、政府和公众购买服务等多种模式并存的态势。

8.3 治理有“法”：城市数据治理与利用新理念

8.3.1 国际数据治理与数据利用回顾与现状

（1）欧盟数据保护与数据利用情况

早在 1981 年，欧洲议会就通过了有关个人数据保护的《保护自动化处理个人数据公约》，这是世界上首个有约束力的有关规范数据使用、保护个人隐私、促进数据交流的国际公约。1995 年，欧盟制定了《数据保护指令》，并在 2018 年 5 月开始施行《通用数据保护条例》（General Data Protection Regulation，GDPR），GDPR 提出，信任是数字经济的重要资源，数据保护与信任直接相关，该条例的宗旨是使个人和企业都受益，赋予个人重新掌控数据的权利，因为数据保护是基本权利，成立欧洲数据保护委员会作为该项法律实施的监督机构，并对相关企业的违法行为有处罚权。欧盟在数据安全与保护的公民调研中发现，90% 的公民提出应在整个欧盟享有相同的数据保护权，公民需要更容易地访问他们自己的数据；有权将数据从一个服务提供商转移到另一个服务提供商。

在城市数据利用方面，柏林市政府负责柏林智慧城市规划策略的制定，确定智慧城市建设的六大主题，负责智慧城市建设各方的组织联系，并建立公开的数据平台，将柏林 800 多个数据库全部开放。

（2）美国数据保护与数据利用情况

美国国会研究服务局（The Congressional Research Service，CRS）分别于 2019 年 3 月 25 日和 5 月 9 日发布了《数据保护法：综述》和《数据保护与隐私法律简介》（《数据保护法：综述》的简版），系统介绍了美国数据保护立法现况，以及在下一步立法中美国国会需要考虑的问题。

在城市数据利用层面，以纽约市为例，2009 年纽约市第一任首席分析官被任命，其工作职责之一是深度分析城市里大量未处理的隐藏数据，探讨整合大数据为市政服务的可能性。2012 年，纽约市议会批准了《公开数据法》，为纽约市各级部门向彼此和公众公开数据提供了法律依据。成立了数据分析市长办公室（Mayors Office of Data Analytics，MODA），该办公室直接向市长汇报，负责落实《公开数据法》并搭建纽约市的数据管理和共享平台。MODA 的“数据桥”项目整合了来自 20 多个机构的 50 多个实时数据源，包括 311（美国非紧急市政服务电话，类似于国内的“12345”热线）平台数据，将其落脚于地理信息系统，并向全市各部门开放，鼓励跨部门使用。

可以看出，美国数据治理和数据利用的本质是通过数据立法、设立城市数据首席分析官和常设管理部门来推动相应工作，并建立数据库、开设官员课程、数据社会服务和数据公众教育。

8.3.2 国内数据保护与数据利用回顾与现状

在我国，2014 年贵阳大数据交易所的成立、2021 年北京国际大数据交易所的成立，都在探索数据要素的流动性价值。2016 年，《贵州省大数据发展应用促进条例》出台，这是国内首个大数据地方性条例，包括大数据发展应用、共享开放、安全管理等内容，对数据采集、数据共享开发、数据权属、数据交易、数据安全基本问题做出了宣示性、原则性、概括性和指引性规定。2021 年 9 月 1 日起实施的《中华人民共和国数据安全法》（以下简称《数据安全法》）规定了数据安全与发展、数据安全制度、数据安全保护义务、政务数据安全与开放、法律责任等，侧重于保护数据领域的公权力，2021 年 11 月 1 日起实施的《中华人民共和国个人信息保护法》（以下简称《个人信息保护法》），对社会组织，包括机构、企业、事业单位对个人信息的过度收集、擅自披露、擅自提供等进行了约束。

8.3.3 数据治理与数据利用

在数字经济时代，数据已经成为新的生产要素，工业经济时代城市管理关注点与数字经济时代城市管理模式也已经有很大的不同。如何更好地开展城市数据治理、利用好城市数据成为摆在所有城市管理者面前的重要课题。

① 数据依法治理：研究城市数据产权的归属问题；数据产权的法制途径；数据的纵向覆盖深度、数据的横向覆盖广度；数据资源基础设施建设水平等。

② 数据源头治理：研究城市数据产生与采集的标准化、一致性；数据的质量；数据代表的事物的真实性；数据采集与更新的及时性等。

③ 数据精准治理：研究城市数据治理的组织架构；人才团队；数据的打通、系统互操作、功能的互操作、语义的互操作等。

④ 数据长效治理：数据隐私控制；数据保护管理；数据安全管理；数据素养等。

8.3.4 智慧城市数据产权依法治理

党的十九届四中全会首次提出，“健全劳动、资本、土地、知识、技术、管理、数据等生产要素由市场评价贡献、按贡献决定报酬的机制”，从核心政策层面将数据要素的价值予以确认，丰富了中国特色社会主义的内容。数据已从政治经济学、国家政策层面被定义为生产要素。“十三五”时期，我国数字经济总量以年均 10% 以上的速率增长，“十四五”时期的增长速率预计不会低于 8%。国内外数字经济大发展给城市发展带来了重要机遇，同时摆在政府面前的挑战有如何保障数据从过去单点、单线的使用到辐射形、网状形协同共享使用，在保障数据自由流动的前提下，能够平衡、保障相关方的利益。

《数据资产价值评价标准化研究》[1] 分析了 GB/T 37550—2019《电子商务数据资产评价指标体系》，数据资产价值评价指标体系包含数据资产成本价值和数据资产标的价值两项一级指标；大部分采用定性的评价方法，这种缺少定量化依据的方法依然很难指导实践，一项资产的价值大小本质上是由市场来决定的，而不是由主观的价值判断来决定的。但是在数据资产生成、管理的过程中，通过标准化、规范化方式减少数据非规范化成本是极其重要的。《大数据资产价值评估研究——一个分析框架》[2] 指出数据是无形资产，是企业为生产商品、提供劳务、出租给他人，或为管理目的而持有的、没有实物形态的非货币性长期资产。形成无形资产需要具备两个基本条件：与该无形资产有关的经济利益很可能流入企业、该无形资产的成本能够可靠计量；企业自创商誉

1 高昂，彭云峰，王思睿 . 数据资产价值评价标准化研究 [J]. 中国标准化，2021（9）:90-93.

2 姜玉勇 . 大数据资产价值评估研究——一个分析框架 [J]. 经济研究导刊，2021（8）:5-7.

及内部产生的品牌等，因其成本无法可靠计量，不应被确认为无形资产。

（1）数据依法治理的挑战

目前，很多部门之间的数据并没有被彻底打通、数据的利用水平依然偏低。要实现“让数据多跑路，让群众少跑腿”还需要跨越数据产权、数据立法、数据规章、数据鸿沟等多种障碍。数据的最大价值是流动，而流动的前提是数据产权的归属问题。当前数据产权还存在不明晰的问题，数据的产生者、占有者、使用者之间的权责利没有从立法的层面予以界定清楚；业界也还没有探索清楚数据产权的法制途径，数据不是物权、知识产权，就不可能按照这些法律法规去管理。因此，在数据市场环境下，数据的价值链从产权层面存在无法可依的情况，而市场化的前提也就是产权的界定；数据的纵向覆盖深度还有待提高，数据的横向覆盖广度也有待提高；数据资源基础设施建设水平也决定了数据的存储水平和可用性水平。

数据立法化治理的本质是数据权利配置，从数据权利的角度来看，个人数据权利分为法律权利和经济权利，法律权利与经济专利之间可以相互转换[1]；隐私经济兴起的背后也展现出个人数据的法律权利可以转换为经济权利；欧盟在 2018 年实施的 GDPR 也对个人数据权利的保护上升到前所未有的高度。国际在个人数据的权利配置方面目前还缺少对企业拥有个人数据的法律规范；国内的《个人信息保护法》《数据安全法》较多地将权利配置放在了数据管辖权、数据安全和保护领域，忽略了数据的经济权利与法律权利之间的互动转换关系。每个自然人在参与生产、生活的过程中无时无刻不在产生数据，其数据的权利如果得不到保障，那么其对数据准确性的自我纠正、自我维护方面就缺乏主观的动力，也就意味着数据的可靠性、可用性、准确性存在问题。另外，企业、事业单位、政府单位拥有的大量个人数据如果不能被准确地界定其法律属性，就会存在数据滥用、大数据杀熟、数据黑市交易，甚至数据隐私泄露的风险。

（2）数据依法治理的解决方案

大数据也会促进立法进步，法律分为上位法与下位法，下位法不能与上位法相冲突，同位法律之间要互为引用，大数据在立法方面的优势逐步体现，哪些法条之间可能存在冲突，这些通过法律大数据可以获取，即大数据辅助人们提高立法效率。如果我国在大数据的立法上升到产业链的全链条角度，出台《中华人民共和国数据法》，必将促进我国大数据产业的国际影响力。

赋予自然人数据权利的法律权利和财产权利，在法律权利方面配置其隐私权、管辖权、使

1 付伟，李晓东 . 个人数据的法律权利与经济权利配置研究 [J]. 电子政务，2021（9）:73-80.

用权、转移权、携带权、知情权；在财产权利方面配置其授权经营权、交易权、获益权等。其中，个人数据的管辖权也是国家之间争夺在跨国互联网平台上的数据管辖权的依据。我国在2021年11月正式提出申请加入《数字经济伙伴关系协定》（Digital Economy Partnership Agreement，DEPA），扩大在国际经贸往来、国际数据领域的合作，通过引入国际通行，可以进一步完善国内数据依法治理的进程。

总之，大数据应用的市场需求是迫切的，巨大的价值是客观存在的，大数据的发展离不开自下而上的产业技术创新，也需要自上而下的大数据法律保障，二者是相辅相成、缺一不可的。

8.3.5 智慧城市数据源头治理

（1）数据源头治理的挑战

当前一些政府已经推出了数字政府发展规划，但在数字化转型的过程中，尚未确立规划政府数据治理顶层设计，以致地方政府对信息资源的归属、采集、整合、开发和利用等责权利的制度化建设仍不完善[1]。在大数据时代，信息量庞大、人工统计干预等因素会导致信息传播失真，进而导致政府数据采集真实性较低。

（2）数据源头治理的解决方案

数据源头治理能力包含数据的规制、数据的统一格式、标准规范化等。在数据产生方面，产生数据的主体是私人与企业，并不是政府，但政府管理的对象正是这两者。数据价值最大化的前提就是数据首先要准确，如果数据不准确，那么它的利用价值就会大打折扣。在数据保护方面，自然人是相对弱势的群体。个人是没有精力和能力去保护分散在医疗、购物、交通、餐饮、住宿等平台的数据的。在数据使用的过程中不断反馈和完善数据源头治理工作，从而解决相关问题，使数据更好地为人民所用。

8.3.6 智慧城市数据运营精准治理

（1）数据精准治理的挑战

数据不同于石油等传统资源，其价值在于流动[2]，因此，数据易用与掌握数据的组织机构

1 翟云．中国大数据治理模式创新及其发展路径研究 [J]. 电子政务，2018（8）：12-26.

2 张涛．数据治理的组织法构造：以政府首席数据官制度为视角 [J]. 电子政务，2021（9）:58-72.

之间的数据有效协同有很大的关系。当前，数据精准治理最大的挑战是数据的需求场景的梳理、数据的共享意愿、跨部门的数据分享的隐私算法技术问题。

现有的智慧城市建设缺乏较高程度的数据开放共享，各部门之间的横向联系较弱，业务数据无法实现链接和信息共享，存在数据空白等问题。同时，各职能管理部门间的信息化数据格式无法兼容，难以形成数据合力。在数据开放程度方面也有所欠缺，开放平台的数据量较少、数据层次较浅，无法满足人们对公共数据的需求。目前，我国存在低估数据资源价值的问题，部分数据资源的价值未能获得充分发挥，未充分挖掘数据红利。

（2）数据精准治理的解决方案

良好的数据治理对数据驱动型政府的构建是必不可少的，它作为政府数据战略的一部分，可以帮助政府从数据资产中提取价值，在更大的范围内实现更多的数据访问、共享和整合。在数据精准治理方面，有研究者认为，它通常包含角色与组织、数据路线、政策与标准、架构、合规、问题管理、项目与服务等核心要素。从易用这个角度来说，政府数据精准治理包含数据治理的组织架构，即角色和职能。标签和维度分类挖掘，让数据可视化。数据精准治理需要基于需求场景梳理元数据和主数据，治理的本质不是治理数据本身，而是服务于城市管理者、企业法人和自然人 3 类用户，需要围绕用户的需求场景开展治理。

8.3.7 智慧城市数据维护长效治理

（1）数据长效治理的挑战

数据在日常维护阶段也需要有长效的治理机制，包括数据隐私控制、数据权限管理、数据安全管理、数据人才团队、数据素养等。需要配套做好数据治理的知识管理、数据治理的人才团队建设、数据治理的资金投入、数据治理的问责机制。

2021 年，美国最大燃油管线营运业者科洛尼尔管线遭黑客组织 DarkSide 攻击，要求支付 500 万美元，这引发了美国东海岸的能源问题；东芝科特的欧洲子公司的服务器遭到攻击，黑客组织表示窃取了逾 740GB 的机密数据，其中包含管理相关资讯和个人资料等。

数据安全问题刻不容缓，我国正在推动新型基础设施建设，通过融合基础设施建设，大量的城市基础设施需要实施数字化运营，随着城市数据量的剧增，数据安全的重要性日益凸显，迫切需要从重视网络安全向数据安全延伸，数据安全的风险对城市的管理不仅是信息泄密或泄露，还会影响城市的正常稳定运行。

（2）数据长效治理的解决方案

随着新型基础设施建设与城市基础设施的关联度越来越高，数据的安全性关系着城市的正常运转，基础设施成为首要攻击目标；我国要对网络数据安全，尤其对基础设施电站、输油管线、交通、管线、航空等重要设施的网络数据安全予以充分的评估。我国提出新型基础设施计划，未来会有更多的信息融合基础设施纳入网络，这对网络安全来说是巨大的挑战。网络攻击的本质是侵犯数据权，不分国家、企业、个人，每个节点都可能成为攻击的跳板；对一个城市的数据安全来说，碎片化的防御已经无力应对新型攻击，只有依靠城市“安全大脑”的整体协同防御才能抵御高级别攻击，提高基础设施网络安全防御能力。

另外，整个城市的数据应用需要提升城市管理者和居民的数字素养。数据管理者队伍不仅要掌握先进的统计和量化方法及工具，还需要适应新的计算机环境，以及用于管理、整合大型数据集的语言和技术。另外，城市数据的采集、使用也需要提升居民的数字素养，这方面可以借鉴新加坡的成功经验，2018 年 6 月，新加坡通信与信息部发布了《数字化就绪蓝图》，特别强调数字化就绪度，数字化就绪度包括数字获得感、数字素养、数字参与 3 个方面，《数字化就绪蓝图》提出增强数字访问的包容性，为人们的数字获得与数字参与提供便利；明确基本数字技能框架，开设数字技能课程；提升公民信息和媒体素养以辨别网络的虚假信息；关注儿童与青年网络健康教育，培养良好的态度与价值观；促进企业与社区共同为提升公民数字素养做出努力等。

数据要素要充分发挥价值，并形成数据资产，需要通过数据产权界定、数据源头治理、数据运营精准治理、数据维护长效治理等环节形成闭环管理体系，推动智慧城市建设通过数据治理形成价值效益。

8.4 安全有“术”：网信安全保障有力

8.4.1 安全等级保护系统

城市大脑存储着珍贵的城市运行数据资源，流动着经济建设和社会生活中重要的数据信息。所以，结合当前信息安全技术的发展水平，设计一套科学合理的深层防御安全保障体系，形成有效的安全防护能力、隐患发现能力、应急反应能力和系统恢复能力，从物理、网络、系统、应用和管理等方面保证安全、高效、可靠运行，保证信息的机密性、完整性、可用性和操作的不可否认性，避免各种潜在的威胁。从硬件设施、软件系统、安全管理等方面，加强安全保障体系的建设，为应用提供安全可靠的运行环境。

信息安全是系统能够成功运行的基本保证。解决好信息共享与安全、完整性的关系，开放性与保护隐私的关系，互联性与物理、逻辑隔离的关系是系统设计是不是合理、系统运行能不能达到预期效果的基本前提。同时，系统须具备较强的系统安全性和灾难恢复能力。

系统设计通过完善的用户权限分配功能及用户账号管理分配机制确保系统使用的安全，同时整体系统安全依托政务网自身的安全机制确保系统运行的安全。

安全等级保护系统建设应遵从以下原则和建设思路。

① 安全保障体系的设计、建设要遵守国家、政府部门相关的安全法律法规、制度、标准和技术指南。

② 实施分级保护，网络层面的安全防护依据网上审批服务中所需的网络防护最高等级实施。业务安全保护依据具体服务所需的业务保护等级实施。

③ 通过防火墙进行边界保护和访问控制，并在重要部位部署入侵检测系统和网站监测系统，有效抵御各种黑客的攻击行为。

④ 对操作系统、数据库系统进行严格的安全配置，安装安全补丁。各业务系统软件要进行严格考核测试才能正式上线运行。定期使用漏洞扫描系统对系统进行安全漏洞扫描，提出安全改进报告。

⑤ 通过安装网络防病毒软件，并定期升级病毒库，防止病毒入侵系统。

⑥ 建立与安全保护等级相适应的业务应用系统，保证数据存储、交换的完整性、可用性和敏感数据的机密性。

⑦ 建立完善的容灾备份和应急响应机制，关键网络设备、系统信息和数据均要有备份手段和恢复机制。

⑧ 建立完善的环境安全保护机制，通过 UPS、机房消防、机房防静电、机房防雷等措施保护设备的安全。

⑨ 建立完善的安全审计机制，从网络、系统、应用 3 个层面对每一项事务均有详细的日志记录，保证事务可以完全被追踪。

⑩ 建立有效的安全服务体系，以适应系统安全的动态性、复杂性和长期性。

8.4.2 数据安全系统

建设方案还需要考虑数据安全，体现安全能力，围绕数据的生产、存储、传输、处理、共享、销毁等方面进行安全防护策略优化，从技术手段保障数据全生命周期的安全。数据安全的思维应贯彻项目始终。因此，建立一套有效的体系化数据安全治理模式，从战略规划→目标设定→约束规则→目标实现→监督改进的治理能力到常态化数据安全运营能力，实现持续降低或抑制数据脆弱性的目标。

（1）数据安全体系建设

数据安全体系建设服务让数据的业务流转安全控制和数据的应用安全保障相互结合，实现过程中常态化的安全管理，让高压防护稀释为日常工作任务，让数据安全风险控制有序、有效进行。

体系建设需要考虑“管理体系、技术体系、运营保障、审计评价”4个层面，以合规和风险管理为导向，以安全管理和技术体系落实责任和管控，通过常态化运营保障安全监审评价活动，整体探索和推动大数据安全治理工作的关键目标可视化、工作机制常态化、运转模式体系化、安全能力持续化。

数据安全体系框架将紧紧围绕政务大数据平台及相关大数据开放、应用场景，深入结合大数据平台、业务、数据的安全保障需求，基于运营模式的特点，重点关注安全治理模式和大数据全生命周期的安全保障，实现数据合理、合规、安全地流动与使用的目标，搭建数据安全体系架构。

将数据应用链条中的多角色“以安全为主线”关联起来，以数据为中心，围绕安全开展治理、协作和运营等基础支撑活动。

帮助数据职能部门建立相对完善的“以数据为中心”的安全运行体系，对数据流转进行决策审批监督，并有效控制数据安全风险和法律合规风险，依托平台数据安全运营支撑能力，帮助构建数据安全工作统筹、分析、指导、监督落实、执行改进的闭环工作机制，从而充分发挥数据多角色间的数据安全协同作用。

（2）应用安全

系统涉及的应用是非常重要的，因此要充分考虑应用的安全性。系统本身具备完善的访问控制能力，可以保证用户访问合法。系统具备安全权限控制，可以保证业务、数据不被非法访问、窃取、丢失或篡改。

应用管理提供服务端访问控制、日志审计、行为和使用记录、系统权限控制等能力，可以保障服务端安全。

（3）数据资源安全

通过以下要素保障数据资源安全。

① 数据安全等级。通过数据安全等级，明确对数据资源的分级分类，数据通常被分为绝密、机密、正常等，并定义不同等级数据资源的访问对象、访问权限和对应的访问规则。

② 数据保护。确保敏感数据访问的合法性、合理性、安全性，规范用户对访问敏感数据的访问权限。

③ 数据访问审计。特权用户的不当操作有可能会威胁整个数据系统的安全。在生产环境中，对于特权用户的访问有严格的审查流程，包括何时访问、执行哪些操作、执行顺序等。记录审计特权用户的访问记录，可以确保特权用户在正确的时间完成正确的操作，审查是否有越轨行为，进而保障数据系统的安全。

（4）数据平台安全

数据支撑平台提供数据加工全流程的能力支撑，各个过程需要考虑的安全防护包括以下功能。

① 账号安全权限管理。建立统一账号权限管理系统，对大数据基础平台的系统工具等账号实现统一管理。账号权限管理可以实现以下功能：权限控制颗粒度尽可能小，支持对数据访问和操作权限控制；支持对账号密码设置的有效期限，到期自动回收功能。

② 数据传输安全控制。支持数据加密传输，保证数据传输过程中不泄密。

③ 数据存储安全控制。数据平台底层采用三副本数据存储，不同副本数据分布在不同的计算节点，保障数据高可靠性。对数据的所有操作均需获得访问权限后方可实现。

④ 租户空间内数据、代码安全管控。提供多租户能力，支持基于 ACL 的用户权限管理，可以配置灵活的数据访问控制策略，防止越权访问数据，实现基于项目空间的安全管理功能。

8.4.3 数据服务安全

数据服务安全的重点是要关注数据在对外提供服务的过程中，用户访问使用过程的安全管理，从而实现数据服务按需按权开放、数据服务可审可批开放、数据服务可查可审开放。因此数据服务安全重点需要考虑以下能力。

① 基于 RBAC 对用户进行角色权限管理，用户只能在权限范围内操作；严格的审批流程，保证部门数据的受控流出；严格的权限控制，保证用户仅能获取授权数据。

② 完整的数据操作日志，以方便审计。

③ 以API的方式对外提供间接的数据访问服务，隐藏服务的真实地址，降低服务开放风险。

④ 提供服务访问身份鉴权机制，具有防伪造和防重放功能，防止对服务的非法访问。

⑤ 提供服务申请审批机制，防止未经授权的服务调用。

⑥ 提供服务调用限速机制，抵抗对服务的高并发冲击。

⑦ 提供行列级数据授权 / 鉴权能力，保障数据开放范围的细粒度可控。

⑧ 提供数据脱敏能力，进一步降低数据泄露的风险。

8.4.4 防火墙

近年来，计算机和网络攻击的复杂性不断上升，使用传统的路由设备越来越难以检测和阻挡这些攻击。漏洞的发现和黑客利用漏洞之间的时间差变得越来越短，IT 和安全人员缺少充分的时间去测试漏洞和更新系统。

为了对最新的混合型攻击和社会工程威胁提供先进的安全防护，建议在网络边界使用防火墙设备，包括深度包检测防火墙、应用网关防火墙、内容过滤、反垃圾邮件、SSL VPN、IPSec VPN、基于网络的防病毒和入侵防御系统（Intrusion Prerention System，IPS）等技术。采用防火墙设备既有效节约了建设资金，又达到了很好的防护效果。

8.4.5 入侵防御系统

通过对网络架构进行分析，建议在内外网络核心交换机处部署 IPS，这样可以有效检测来自网络的各类混合攻击行为。IPS 是继“防火墙”“信息加密”等传统安全保护方法之后的新一代安全保障技术。它监视计算机系统或网络中发生的事件，并对其进行分析，以寻找试图绕过安全机制的入侵行为并进行检测和记录。IPS 自动执行这种监视和分析过程，并且执行阻断的硬件产品。

（1）设备旁路部署

设备旁路部署在网络的核心交换机上，通过交换机端口镜像的功能从交换机上接收数据。IPS 可以监控和分析交换机上的所有数据，监测网络内部的各种入侵行为。

（2）方案效果

网络入侵检测系统通过实时侦听网络的数据流，寻找网络违规模式和未授权的网络访问尝试。当发现网络违规行为和未授权的网络访问时，网络监控系统能够根据系统安全策略做出反应，包括实时报警、事件登录或执行用户自定义的安全策略等。

入侵检测系统可以监视并记录网络中的所有访问行为和操作，有效防止非法操作和恶意攻击。同时，入侵检测系统还可以形象地重现操作的过程，帮助安全管理员发现网络的安全隐患。

IPS 作为网络安全体系的第二道防线，在对防火墙系统阻断攻击失败时，可以最大限度地减少相应的损失。IPS 也可以与防火墙、内网安全管理等安全产品联动，实现动态的安全维护。

8.4.6 Web 应用防护系统

现在针对 Web 服务器的攻击越来越多，人们意识到仅仅靠防火墙、入侵检测技术来保护网站安全是远远不够的，防火墙、入侵检测、网站保护系统配合使用，共同保障网络安全，已经成为网络安全防护的趋势。

通过分析防火墙、IPS、网页防篡改技术的工作原理与防护定位，我们可以看出防火墙、IPS 主要是基于网络层数据包的分析检测机制进行工作的，对应用层的分析检测能力是非常有限的，因此对 Web 应用交互内容及 Web 页面中代码漏洞的检测防御是防火墙、IPS 类产品的盲区；而对于 Web2.0 时代动态网站的应用防护，单纯的网页备份防篡改产品无能为力。因此，Web 应用技术的发展，需要的是一种完全基于 Web 交互内容和 Web 页面安全漏洞的安全防御产品，于是 Web 应用安全网关诞生了，其工作在应用层，提供专业的针对 Web 应用的安全防护。

Web 应用防护（Web Application Firewall，WAF）系统通过执行应用会话内部的请求来处理应用层的安全防护问题，它专门保护 Web 应用通信流和所有相关的应用资源免受利用 Web 协议或应用程序漏洞发动的攻击。WAF 系统可以阻止将应用行为用于恶意目的的浏览器和 HTTP 攻击，一些强大的应用安全网关甚至能够模拟代理成为网站服务器接受应用交付，相当于给原网站加上了一个安全的绝缘外壳。

（1）设备部署

设备部署在服务器区域 Web 服务器前端，使用代理模式。设备除可以对 Web 应用进行防护外，还具备网页防篡改功能，针对重点 URL，可定时备份正常页面，一旦检测出被保护的 URL 页面被篡改，会将事先备份的正常页面返回给访问用户。Web 服务器无安装 Agent 的要求。

（2）方案效果

WAF 基于对 HTTP 及 HTTPS 流量内容的双向检测分析，为 Web 应用提供实时的防护，而且与传统的产品及技术有本质的差异，具体差异如下。

① 支持 HTTP 解码（支持多种常见的编码类型）并对相关字段进行检查，包括方法、URI、版本、HTTP 头部各字段、Cookie、表单字段、常用的 HTTP 编码类型等。

② 针对 Header 里面的各项内容（HTTP Version、Refer、Hostname、User-Agent 等）进行合法性验证。

③ 具有识别检测 HTTP 及 HTTPS 的协议内容及具体数据的能力，支持各种 Web 编码。

④ 具有检测变形攻击的能力，例如检测 SSL 加密流量中混杂的攻击。

⑤ 检测数据表单输入的有效性，为 Web 应用提供一个外部输入的过滤机制，做到事前检测过滤，安全性更高。

WAF 针对常见的 Web 业务系统，提供综合的 Web 应用安全解决方案，确保用户 Web 业务风险最小化。WAF 通过对进出 Web 服务器的 HTTP 流量相关内容进行实时分析检测、过滤，精确判定并阻止各种 Web 应用攻击行为，阻断对 Web 服务器的恶意访问与非法操作，例如，SQL 注入、XSS、Cookie 篡改以及应用层 DoS 攻击等，有效应对网页篡改、敏感信息泄露等安全问题。系统使用主动实时监测过滤技术，综合防范恶意代码、非授权篡改、应用攻击等众多威胁，从而做到对 Web 服务器的多重保护，确保 Web 应用安全的最大化，充分保障 Web 应用的高可用性和可靠性。

8.4.7 大数据安全防护系统

（1）设计目标

城市大数据安全防护系统需要从大数据计算系统安全、数据运维安全和敏感数据保护 3 个层面，全面防护数据在计算、存储、开发及使用过程中存在的风险。

（2）技术架构

大数据安全防护系统由大数据计算系统安全、数据运维安全和数据脱敏系统 3 个部分组成。大数据计算系统安全是大数据计算系统自身的安全机制，其从数据服务和数据开发两个层面保证了数据在大数据计算系统内存储和执行计算任务时的安全性；数据运维安全是面向数据管理者的安全防护措施，有效控制了数据管理者在使用日常数据操作过程中的安全风险；数据脱敏系统是面向数据使用者的安全机制，在需要的时候，该系统可以将大数据计算系统中存储的敏感数据按照一定的规则脱敏后提供给第三方使用。大数据安全防护系统架构如图 8-4 所示。

（3）功能设计

① 数据服务安全

a．安全体系

大数据计算平台提供针对 TB/PB 级数据、实时性要求不高的分布式处理能力，应用于数据分析、挖掘、商业智能等领域。

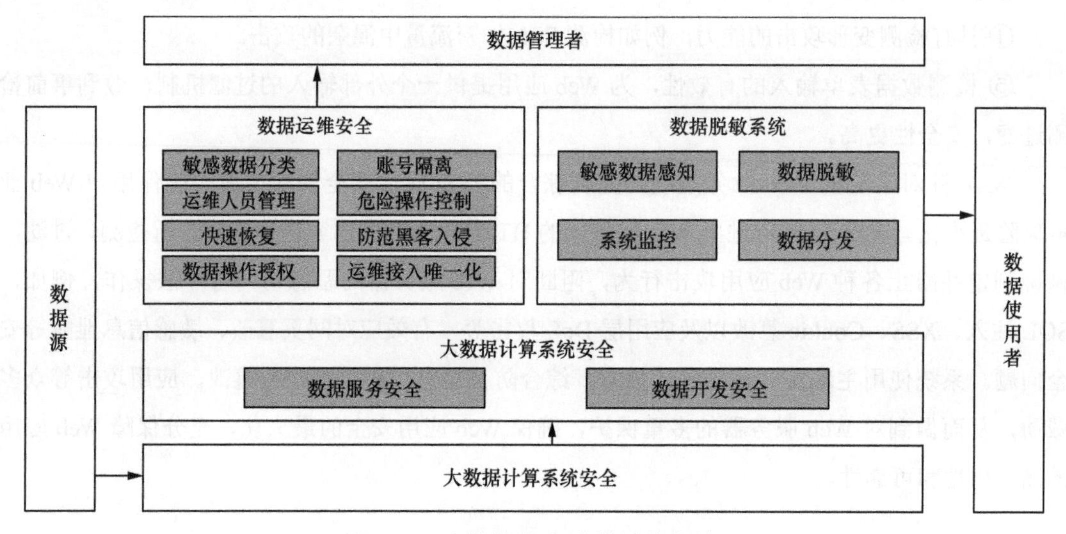

图 8-4　大数据安全防护系统架构

大数据服务的安全体系有以下 4 个特点。

- 用户访问需要认证，用户操作需要鉴权，所有操作记录审计日志。
- 支持多租户的使用场景，同时满足多用户协同、数据共享、数据保密和安全的需要。
- 支持 ACL 授权、Policy 授权、角色授权、跨 Project App 授权等多种权限管理方法，满足多种场景的需求。
- 开放的架构可以便捷地根据用户的需要添加新的安全功能。

大数据服务安全架构如图 8-5 所示。

b．身份验证

大规模数据服务使用与非结构化数据服务一样的身份验证机制。

c．授权管理

项目空间（Project）是大规模数据服务实现多租户体系的基础，是用户管理数据和计算的基本单位，也是计量和计费的主体。当用户申请创建一个项目空间后，该用户就是这个空间的所有者（Owner）。也就是说，这个项目空间内的所有对象（例如，表、实例、资源、UDF 等）都属于该用户，即除了 Owner，任何人都无权访问此项目空间内的对象，除非有 Owner 的授权许可。

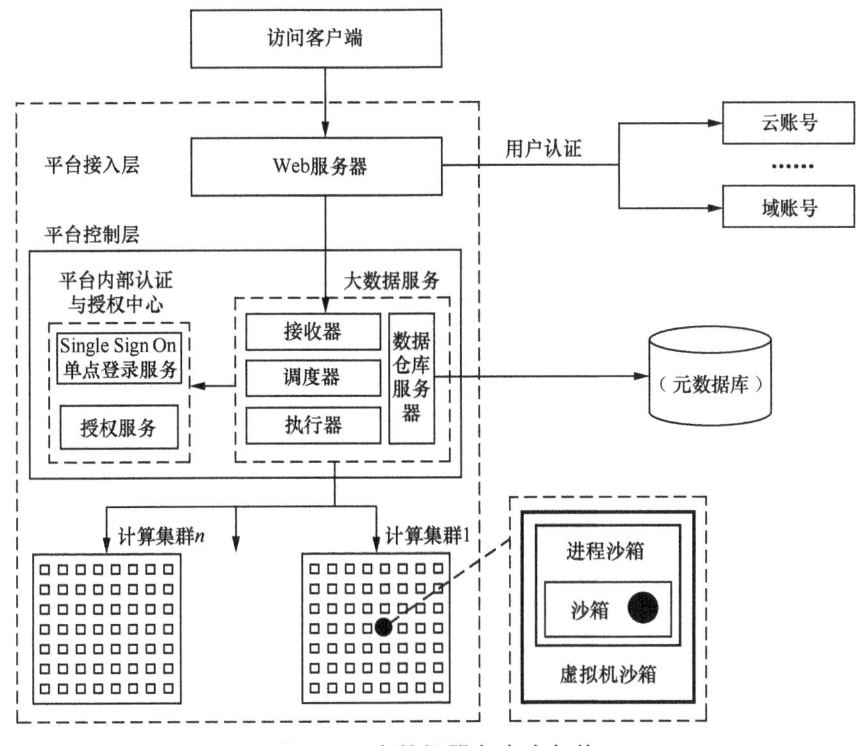

图 8-5　大数据服务安全架构

当项目空间的 Owner 决定对另一个用户授权时，Owner 需要先将该用户添加到自己的项目空间中来。只有添加到项目空间中的用户才能够被授权。

角色（Role）是一组访问权限的集合。当需要对一组用户赋予相同的权限时，可以使用角色来授权。基于角色的授权可以简化授权流程，降低授权管理的成本。当需要对用户授权时，应当优先考虑是否应该使用角色来完成。

大规模数据服务可以对项目空间里的用户或角色，针对 Project、Table、Function、Resource Instance 4 种对象，授予不同的权限。

大规模数据服务支持两种授权机制（ACL授权和Policy授权）来完成对用户或角色的授权。

ACL授权是一种基于对象的授权。通过ACL授权的权限数据（即访问控制列表、Access Control List）被视作该对象的一种子资源。只有当对象存在时，才能进行ACL授权操作；当对象被删除时，通过ACL授权的权限数据会被自动删除。ACL授权支持类似于SQL92定义的GRANT/REVOKE语法，它通过简单的授权语句来完成对已存在的项目空间对象的授权或撤销授权。

Policy授权则是一种基于策略的授权。通过Policy授权的权限数据（即访问策略）被视作授权主体的一种子资源。只有当主体（用户或角色）存在时，才能进行Policy授权操作；当主体被删除时，通过Policy授权的权限数据会被自动删除。Policy授权使用大数据平台自定义的一种访问策略语言来进行授权，允许或禁止主体对项目空间对象的访问权限。

d．跨项目空间的资源分享

假设你是项目空间的Owner或管理员（admin角色），如果有人需要申请访问你的项目空间资源，但是这个申请人并不属于你的项目团队，那么你可以使用跨项目空间的资源分享功能。

Package是一种跨项目空间共享数据及资源的机制，主要用于解决跨项目空间的用户授权问题。使用Package后，A项目空间管理员可以对B项目空间需要使用的对象进行打包授权（也就是创建一个Package），然后许可B项目空间安装这个Package。在B项目空间管理员安装Package后，就可以自行管理Package是否需要进一步授权给自己Project下的用户。

e．数据保护机制

如果项目空间中的数据非常敏感，绝对不允许流出到其他的项目空间中去，那么可以使用项目空间保护机制——设置数据保护机制，明确要求项目空间中“数据只能流入，不能流出”。

② 数据开发安全

a．身份验证

可以通过OAuth协议可扩展支持其他三方账号系统登录。支持短信身份验证确保账号与人一致。在用户使用大数据开发支持工具集的整个使用过程中，平台不感知、不存储用户的登录密码，从根本上规避泄密的风险。

b．授权管理

功能权限基于角色和权限点控制。整个平台提供了非常细致的功能控制粒度，同时，提供自定义角色的能力，使用户可以进行团队分工和协作。

基于数据包进行数据授权管理。支持组织间数据交换，项目间数据交换和项目内对成员的数据授权控制。支持数据授权有效期控制，支持授权生效过程中动态增删数据内容。生产环境和开发环境数据授权隔离，通过授权可控制个人用户对生产数据的可见范围，生产数据对个人只读不可写，并且混合数据可用不可看。

c．租户隔离

租户对应大数据开发支持工具集中的组织，在多用户环境下，实现租户之间资源隔离、应用隔离和数据隔离。每个租户资源独立分配、计量和计费，租户之间数据交换和交易，全部通过数据授权实现。提供了交换区，跨租户数据交换全部在安全的交换区环境下使用。

d．日志审计

大数据开发支持工具集日志审计模块记录所有用户通过系统对功能模块、数据的操作日志，包括用户的账号、权限和认证的管理日志以及系统自身服务调用等的系统日志，内容包含操作产品、操作人、操作目标和操作行为等信息。遇到特殊安全事件和系统故障，日志审计可以帮助管理员进行故障快速定位，并提供客观依据进行追查和恢复。

- **账号管理日志。**该类日志是负责记录本系统上的每个组织账户管理活动，具体包括创建、删除、修改和禁用等。
- **认证登录日志。**该类日志是负责记录本系统上的用户登录认证活动，具体包括成功的用户登录认证、失败的用户登录认证、用户注销、用户超时退出等。
- **权限管理日志。**该类日志是负责记录本系统上的用户权限分配策略的每一个更改活动，具体包括用户 / 用户组的权限指派、用户 / 用户组的权限移除等。
- **业务操作日志。**该类日志是负责记录用户在产品系统上对相应功能或数据的操作而产生的行为记录日志，例如，数据访问记录的日志。

（4）数据运维安全系统建设

数据运维安全采用数据防水坝方案。随着信息技术的发展，大数据中心的信息系统越来越复杂，需要运维防水坝实现业务网络和运维网络的分离。然而实践证明，绝大部分用户无法实现两者的分离，这使运维防水坝的效果大打折扣，特别是在面对数据库系统时，运维堡垒机仅能在数据库登录管理上发挥作用。

数据库防水坝是区别于业务网络和运维网络而独立部署的数据库防水坝。从数据库登录、应用变更和部署、危险操作控制、敏感数据保护、误操作防御、误操作恢复、运维审计、工作报表等多方面来全面支持数据库运维安全管理，满足运维安全内部控制和各类法规法令（等级保护、SOX、PCI、企业内控条例等）的要求。除此之外，数据库防水坝在增强运维安全的同时，以透明的方式工作，并不会增加运维工作的复杂性，反而会实现自动化运维。

（5）数据脱敏系统建设

采用数据脱敏系统，可以实现自动化发现源数据中的敏感数据，并对敏感数据按需进行漂白、变形、遮盖等处理，避免敏感信息泄露。同时又能保证脱敏后的输出数据能够保持数据的一致性和业务的关联性。

数据脱敏系统可以为开发环境、测试环境、培训环境等提供脱敏后的生产数据，也可为数据交易、数据交换、数据分析等第三方数据应用场景提供适用的敏感信息泄露防护功能。

其主要功能如下。

① *敏感数据自动感知*。在敏感数据无处不在、业务越来越复杂的生产业务系统中，业务系统后台数据库表的规模越来越庞大、结构越来越复杂，数据脱敏系统利用各类敏感信息规则，通过自动扫描发现的方式高效、方便、协同地获取敏感信息，支持灵活的配置方式（包括字段信息匹配、数据信息匹配）来自动探测数据库敏感信息字段。

② *脱敏数据以假乱真*。脱敏后数据想要保持原有的特征难度相对较大，所以脱敏系统不仅可以使数据脱敏，还能最大限度地保证数据的真实性，确保交付、可靠的高质量数据。

③ *保持数据原始特征*。数据脱敏后可以保持数据的原始特征，保证开发、测试、培训及大数据利用类业务不会受到脱敏的影响，实现脱敏前后的一致性。在脱敏过程中，有一套经过充分研究的数据特征模型，可以实现正向脱敏，在整个脱敏过程中能够保证原始特征，并且可以运用到实际的生产环境。

④ *保持业务规则关联性*。数据脱敏后仍然保持业务规则的关联性，包括主外键关联性、关联字段的业务语义关联性等，这对业务来说是尤为重要的。为了保证业务的关联性，又要保证脱敏的效率和速度，需要研究出一套可移植的算法，在多样化的业务关联脱敏中保证脱敏的速度。

⑤ *灵活报表监管无忧*。数据脱敏系统提供丰富的报表（支持柱形图、仪表盘等），为用户数据脱敏提供审计依据，满足监管部门的要求。

⑥ *灵活脱敏数据分发*。数据脱敏系统支持广泛的数据脱敏分发方式，支持数据库到数据库、数据库到文件、文件到文件、文件到数据库 4 种完全不落地的脱敏方式，并且不需要生产系统和本地安装任何客户端。

⑦ *全面脱敏格式支持*。数据脱敏系统可以支持数据脱敏产品兼容各类主流数据库，包括